설비 자동화 공학 기초

The wheels of industry will keep on turning

김원종 지음

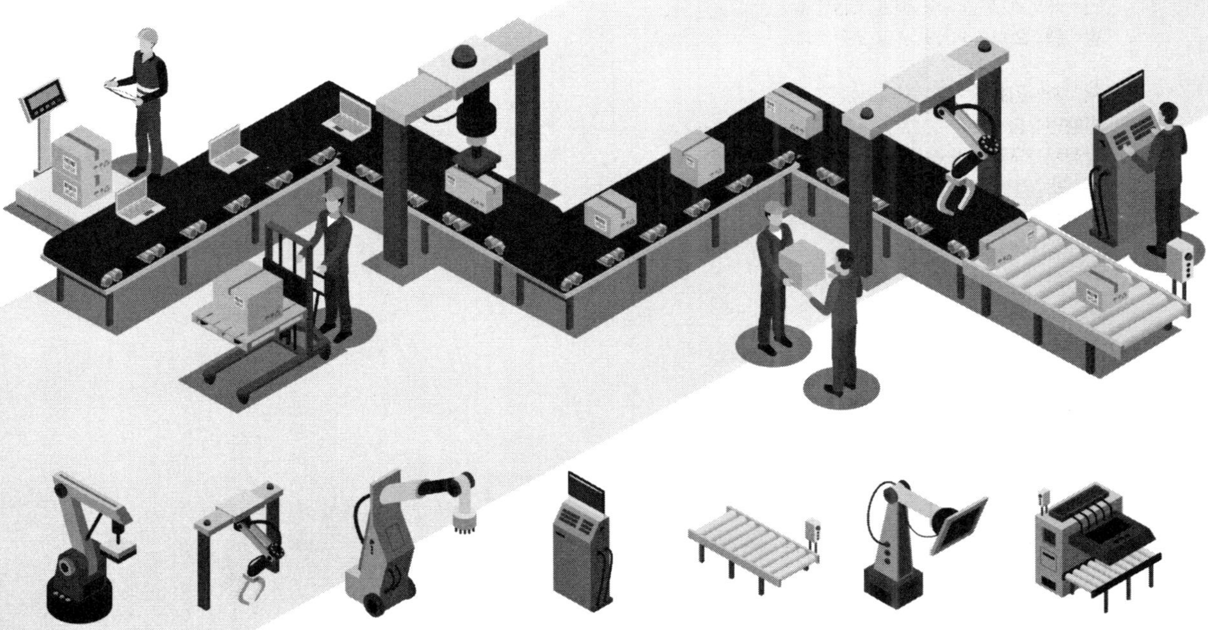

도서출판 홍릉

설비 자동화
공학 기초

The wheels of industry will keep on turning

인　쇄 : 2024년 2월 26일 초판 1쇄
발　행 : 2024년 3월　4일 초판 1쇄

저　자 : 김원종
발행인 : 송 준
발행처 : 도서출판 홍릉
주　소 : 01093 서울시 강북구 인수봉로 50길 10
등　록 : 1976년 10월 21일 제5-66호

전　화 : 02-999-2274~5, 903-7037
팩　스 : 02-905-6729
e-mail : hongpub@hongpub.co.kr
http://www.hongpub.co.kr
ISBN : 979-11-5600-173-7(93550)

정　가 : 15,000원

PREFACE

현대에는 기계, 전기, 전자 기술, 정보통신기술 융합화 되어 그 구분이 없다고 해도 과언이 아니다. 일상의 모든 생활 요소들이 이미 융합화하여 생활은 점점 편리해지고 있으며 산업현장에서도 기계 설비기술은 나날이 발전되고 있어 그 기초 요소기술의 중요성은 더욱 더 중요해지고 있다.

융합 기술을 익히는 이들과 대학을 진학하는 학생들 또한 과거의 일관적인 학문 분야의 전공만으로는 향후 기술의 변화를 이끄는 데는 그 한계가 있다.

특히나, 기계 분야는 전기, 전자, 정보통신의 결합으로 나날이 고성능화, 다기능화, 네트웍화, 인공지능화하여 높은 수준의 정밀 기계 기술을 이루게 되었다.

기계, 전기, 전자, 정보통신 기술자에 있어서도 특정 분야의 기술 보다는 융합적인 기술 지식의 습득은 필수가 되어 각 대학 이상의 기관에서도 융합 교육이 활발하게 이루어지고 있으나 반면에 각 전공분야의 전문 지식의 습득의 한계는 아쉬움으로 남는다.

책의 주요 내용은 설비와 관련된 융합적인 지식의 습득보다 기계 설비 및 자동화 관련 업무를 익히는 이들이 이론과 현장을 이해할 수 있도록 그림과 예제를 통해 설비 지식을 알 수 있도록 돕고자 기계제도, 기초공학, 기계요소 및 기계 가공법, 기계정비, 진단, 관리의 기본적인 내용과 그 이해를 위해 각 요소를 소개하였다.

기계요소에는 제도통칙에 대한 부분을 기초공학에서는 힘의 기본이 되는 응력과 변형률, 하중에 대해 구성하였으며 기계가공법은 그 설비제작의 기초가 되는 주조, 절삭, 비절삭 등을 소개 및 요약, 정리 할 수 있도록 구성하였다.

기계보전기구에서는 측정기구 및 보전에 대해 및 기계정비에서는 저항의 측정, 소음, 진동, 윤활에 대한 내용으로 구성하였다. 또한 자동화 요소의 경우 기초가 되는 공압, 유압에 대한 소개로 집필을 마무리 하였다.

이 책의 기본적인 내용으로 설비, 자동화를 배우고자 하는 학생, 설비 엔지니어 등 다양한 분야에 종사하는 분들에게 조심이나마 도움이 되었으면 한다.

CONTENTS

CHAPTER

07 자동화 요소

APPENDIX

부록 요약/기본 용어

01 기계제도

기계제도는 기계의 제작 및 가공방법이나 기계구조, 모양, 크기, 사용되는 재료 및 강도 등의 정보를 선이나 문자, 기호 등을 이용하여 적절한 투상법으로 제도 규격 및 규칙에 따라 정확하고 명료, 간결하게 표시하는 과정이다.

1.1 제도의 규격

모든 기계나 기구, 구조물 등의 도면은 재료, 모양, 가공 등을 고려하여 누구나 동일하게 그려져야 한다.

우리나라는 1997년 기계제도(KS B 0001)가 규격으로 확정되어 사용되고 있다. 또한 제도 규격은 산업표준화법에 따라 한국산업규격(KS)으로 제정되어 제도 통칙(KS A 0005)을 제도의 공통적 기본사항으로 사용하고 있다.

1) KS의 분류 기호

- KS A(기본) : 색, 방사선, 관리지침 등
- KS B(기계) : 기계일반, 기계요소, 계량, 측정, 산업 자동화 등
- KS C(전기) : 전기전자 재료, 전선, 조명, 반도체, 디스플레이 등
- KS D(금속) : 금속, 주철, 주물 등

2) 국제 규격

국제표준화기구(ISO), 국제전기표준회의(IEC)의 여러 나라가 협의, 심의 규정하여 국제적으로 사용하는 규격을 국제 규격이라 한다.

- 국제표준화기구 : ISO (International Organization for Standardization)
- 한국 : KS (Korea Engineering Standard)
- 미국 : ANSI (American National Standard Instutue)
- 독일 : DIN (Deutsche Ingenier Norman)
- 일본 : JIS (Japan Industiral Standard)

1.2 도면의 형식

도면 용지의 크기가 다르면 보존 및 관리에 문제가 발생할 수 있다.

기계 제도에 사용되는 도면은 기계 제도(KS B 0001)규격과 도면의 크기 및 양식(KS A 0106)에서 정한 크기를 사용한다.

도면 용지 시트는 A0, A1, A2 A3, A4의 크기를 이용하며, 도면 용지 반드시 도면의 윤곽선, 표제란, 중심마크를 그려야 한다.

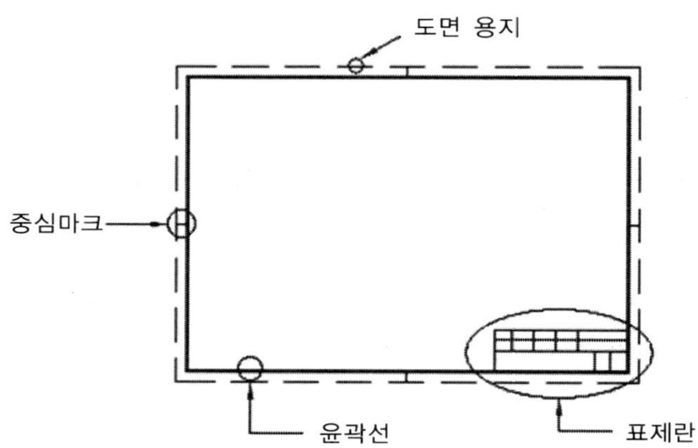

[도면 형식]

- 윤곽선 (Borderline) : 도면에 제도하는 내용을 기재하는 영역을 명확하게 그리는 테두리 선으로 선 굵기는 보통 0.5 ㎜ ~ 0.8 ㎜의 실선으로 그린다.
- 중심마크 (Center mark) : 도면을 복사 하거나 또는 마이크로필름을 제작할 때 편의를 위한 기준 선으로 0.5 ㎜ 굵기의 실선으로 중앙에 긋는다.
- 표제란 (Title block) : 도면의 오른쪽 하단 윤곽선 안쪽에 표제란을 그리고 도번(도면 번호), 도명(도면 이름), 각법, 척도, 재료명, 재료 수, 도면 작성자의 성명, 도면 작성 연월일, 도면 분류 번호 등을 기입한다.

1.3 제도 도면의 크기

기계제도 도면 용지의 크기는 KS A 0106(도면의 크기와 양식)에 규정된 A열 사이즈(A0~A4)를 사용한다.

도면 크기의 호칭		A0	A1	A2	A3	A4
$a \times b$		841×1189	594×841	420×594	297×420	210×297
c(최소)		20	20	10	10	10
d (최소)	철하지 않을 때	20	20	10	10	10
	철할 때	25	25	25	25	25

[비고] (1) d 부분은 도면을 철하기 위하여 표제란의 왼쪽에 마련한다.
(2) $a : b = 1 : \sqrt{2}$

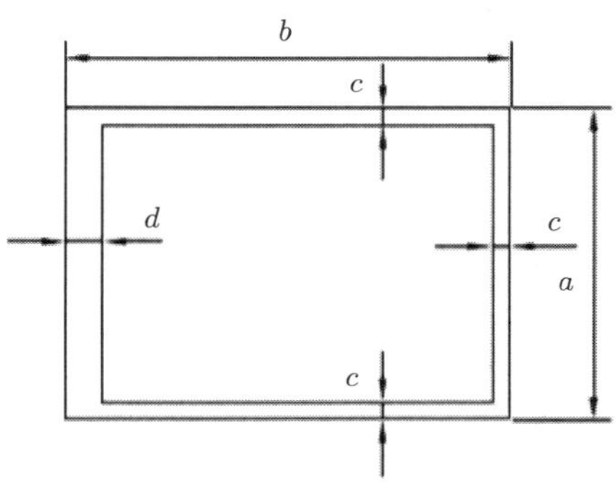

(a) A0~A3의 경우

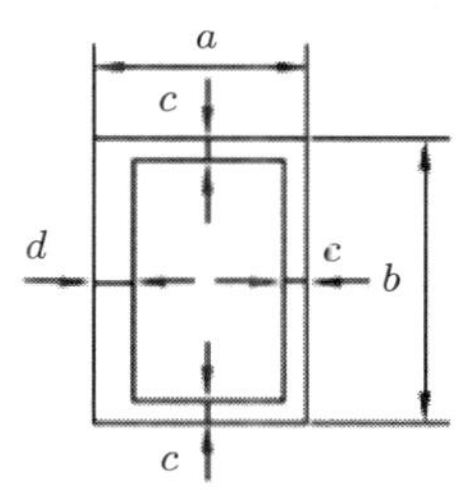

(b) A4의 경우

[도면 용지의 크기]

1.4 척도

기계제도 도면은 대상물과 같은 크기인 현척으로 제도하나, 용지 크기의 제한 등을 고려하여 축척 또는 배척인 경우는 KS에 정한 척도값을 사용하여 도면을 작성한다.

전체 도면을 정해진 척도로 그리지 못하는 경우는 NS(Not to Scale)로 표시한다.

- 현척 (Full Scale) : 실물 크기와 같게 나타내는 척도
- 축척 (Constaction Scale) : 도면에 그린 치수를 실물 치수로 나눈 값, 실물의 크기보다 작게 나타내는 척도
- 배척 (Enlarged Scale) : 실물 크기보다 크게 나타내는 척도

척도의 종류	난	척도값
축척	1	1:2, 1:5, 1:10, 1:20, 1:50, 1:100, 1:200
	2	1: $\sqrt{2}$, 1:2.5, 1:2$\sqrt{2}$, 1:4, 1: $\sqrt{5}$ 2, 1:25, 1:250
현척	–	1:1
배척	1	2:1, 5:1, 10:1, 20:1, 50:1
	2	$\sqrt{2}$:1, 2.5$\sqrt{2}$:1, 100:1

[척도의 종류 및 척도값]

1.5 투상법

투상 면에서 얻은 제품의 투상도를 배열하기 위해서는 정면에 설치한 투상 면을 기준으로 전개하는 원리를 이용하여 투상도를 배열 시켜서 제도한다(KS A 3007).

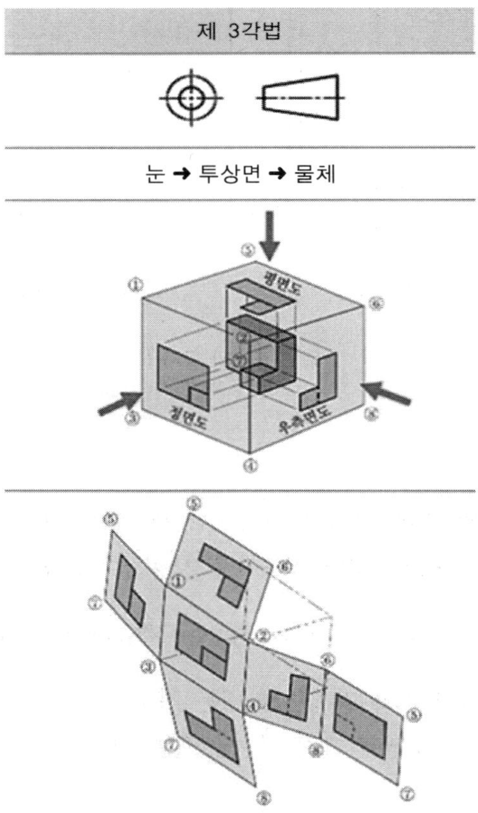

[3각법]

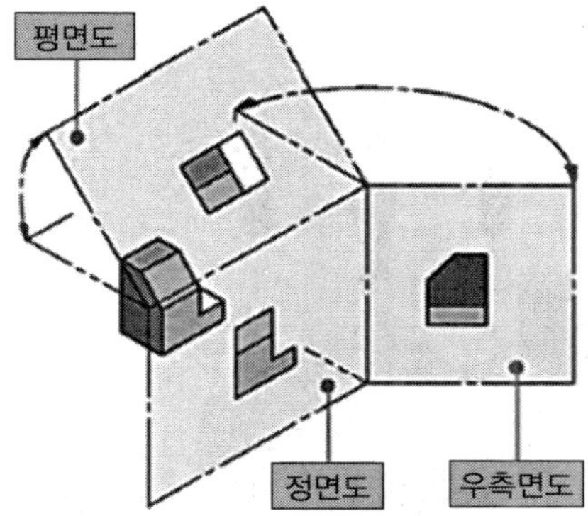

[3각법 투상면]

기계 제도에서는 주로 물체 제 3각 위치에 두고 투영면에 정투영하는 제도 방식을 사용하며 이때 눈과 물체 사이에 투상면이 있게 된다.

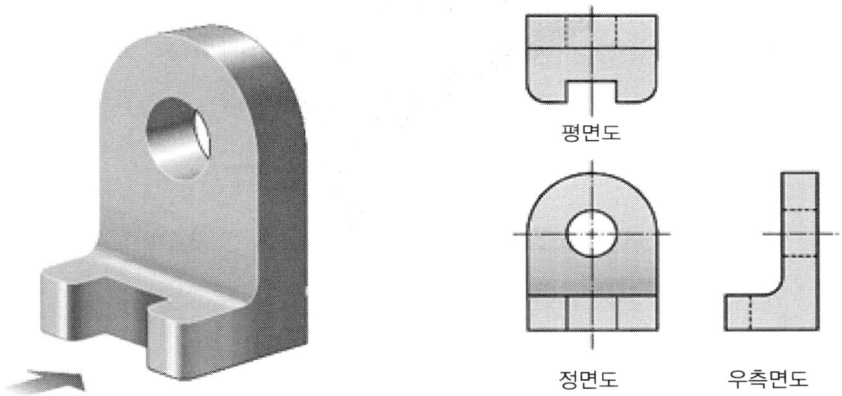

[3각법 제도]

1.6 지그 기능 파악

지그(Jig)는 공작물에 부착하여 가공부분의 위치를 정하거나 가공을 안내하는 공구 또는 보조용 기구물 등을 말한다.

➜ Jig 명칭 기록하기 (번호별로 명칭 기입해 보기)

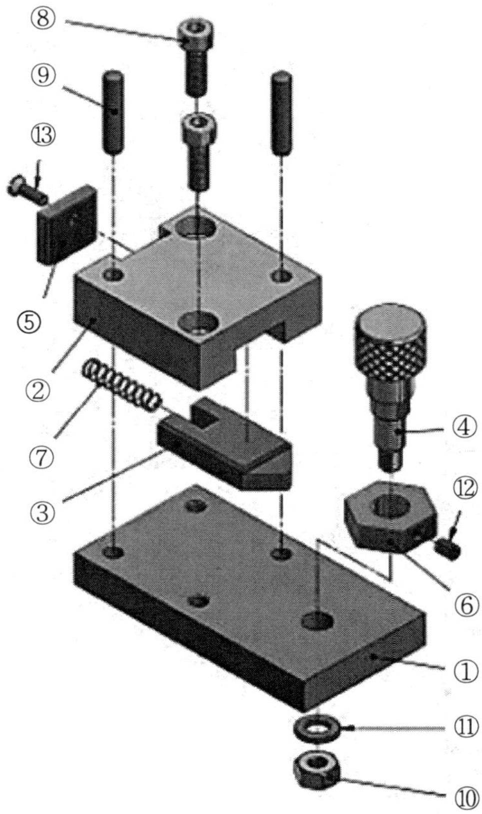

[JIG 장치]

1)

2)

3)

4)

5)

6)

7)

8)

9)

10)

11)

12)

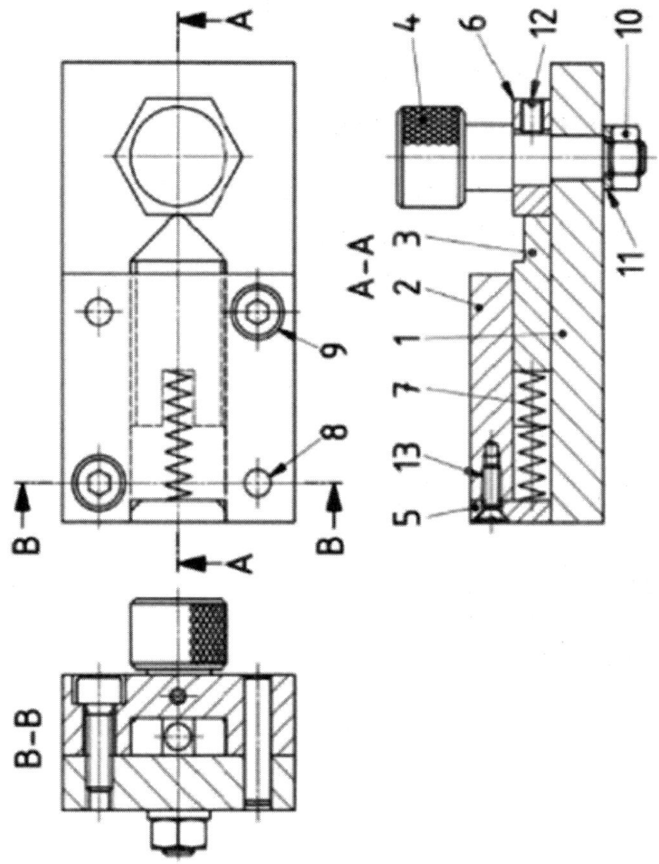

1) 본체, 2) 본체 커버, 3) 좌우 슬라이더, 4) 손으로 돌리는 핸들 5) 스프링 커버,

6) 육각 캡, 7) 압축 코일 스프링, 8) 육각 구멍붙이 볼트, 9) 위치 고정용 맞춤 핀,

10) 육각 너트, 11) 평 와샤, 12) 멈춤 나사

1.7 치수 기입

도면 기입되는 치수는 제작, 조립, 품질에 이르기까지 광범위하게 영향을 미친다. 그러므로 치수 기입은 정확하고 보기 쉽고 치수 기입 위치 및 충분한 치수 기입 검토 후 기계도면상에 기입되어야 한다.

도면에 기입되는 치수에는 강판, 관 등 치수에 가공 여유와 다듬질 여유가 포함된 재료 치수, 기계로 가공하기 전 미완성품의 다듬질 여유 치수가 반영 소재치수, 마지막 다듬질 후 완성품의 치수를 나타내는 마무리 치수가 있으나 KS에서는 도면에 특별히 명시되는 경우를 제외하고는 마무리 치수(완성 치수)를 기입하도록 되어 있다.

치수에는 물체의 형상을 나타내는 형상치수(size dimension)와 가공 및 기능 홀 등의 위치를 나타내는 위치치수(local dimension)가 있다.

- 치수선 : 치수선은 연속식과 중단식이 있으며 모두 양단에 화살표를 붙이며 물체의 외형선으로부터 10 ~ 15 ㎜ 떨어뜨린 가는 실선으로 그린다.
  이 때 치수선이나 치수보조선, 외형선과 교차하지 않도록 주의해야 한다.

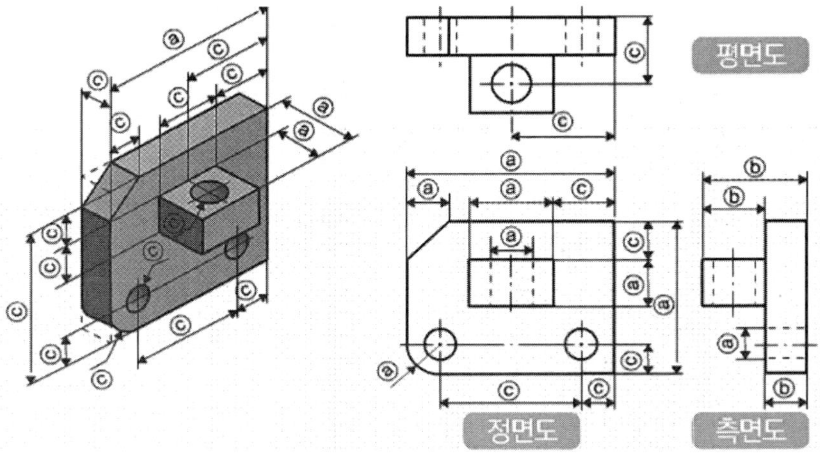

[치수 기입 예]

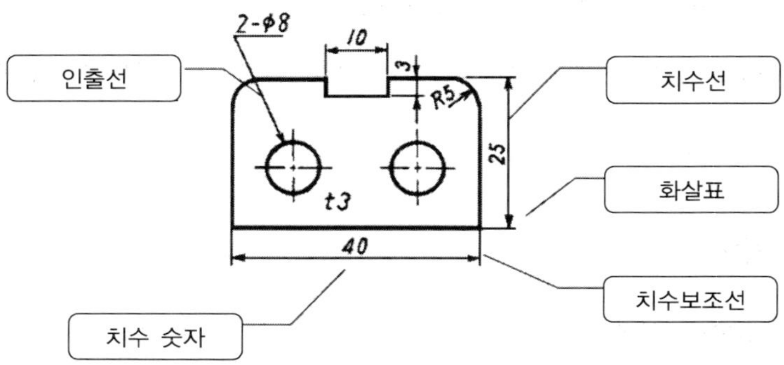

[치수 표시 요소]

원기둥 및 둥근 구멍의 크기는 지름치수로서 나타내며 지름의 기호 ϕ는 치수숫자 앞에 붙인다.

원호의 치수선은 반지름 기호 R을 치수숫자 앞에 치수숫자와 같은 크기로 쓰며 지름을 나타내는 치수선을 원호의 중심까지 긋는 경우에는 R은 생략해도 된다.

치수보조선은 가는 실선으로 나타내며 치수선에 직각으로 긋고 2 ~3 ㎜ 연장한다. 외형선과 구별이 어려운 경우 치수선에 대해서 적당한 각도(60°)로 그을 수 있으며 외형선과 중심선을 치수보조선으로 사용할 수도 있다.

[간격이 좁은 치수 기입]

➜ 잘못된 치수 기입 찾기

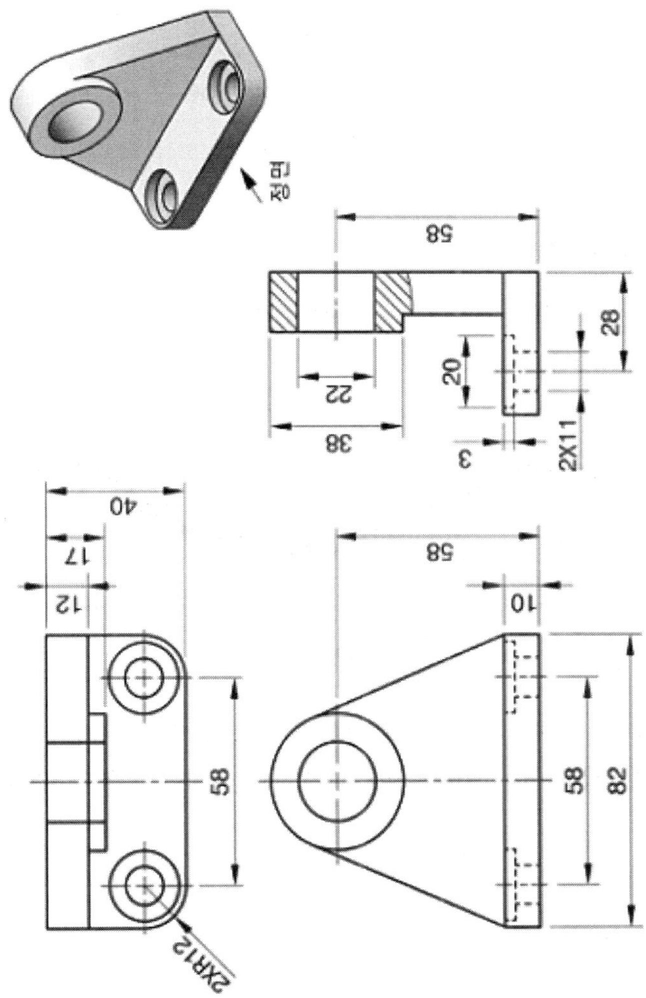

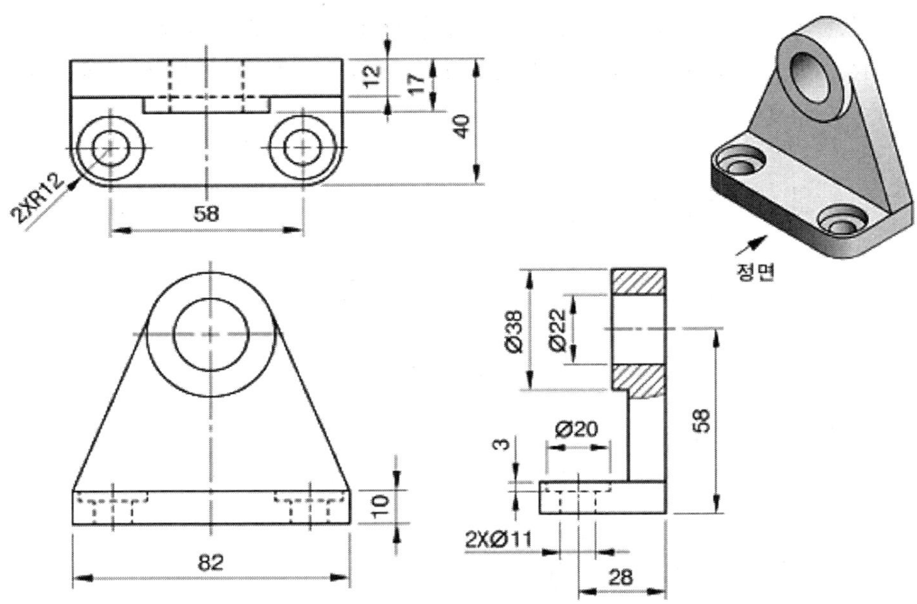

[바른 치수 기입]

1.8 표면 거칠기 표시

제품 표면을 직각으로 절단한 단면을 확대한 단면을 단면 곡선이라 하며 이 확대 구간의 거친 요철 모양을 표면 거칠기라 한다.

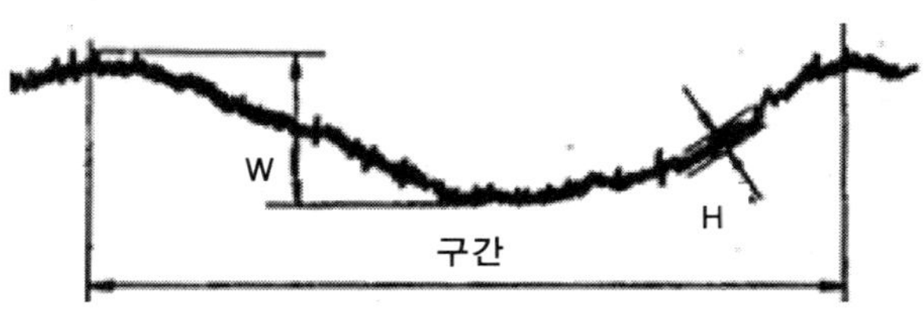

[단면 곡선]

물체의 가공 후 흔적, 표면의 오목하고 볼록한 차를 표면 거칠기로 표현하며 표면 거칠기는 산술 평균 거칠기, 최대 높이, 10점 평균 거칠기로 규정하고 있다(KS B 0161).

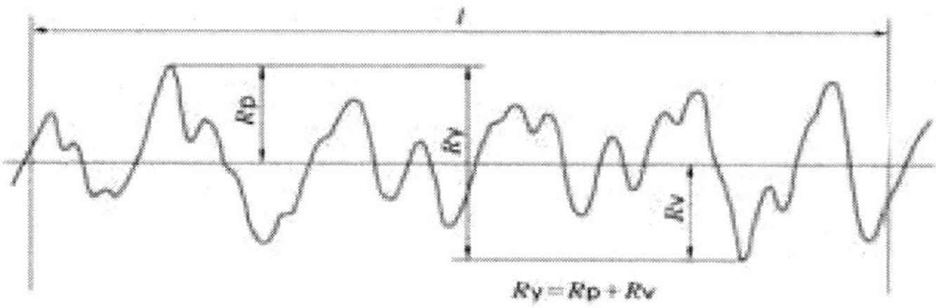

[최대 높이 거칠기]

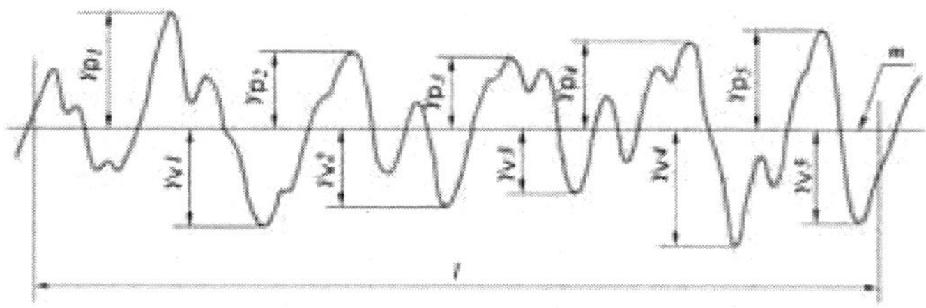

[10점 평균 거칠기]

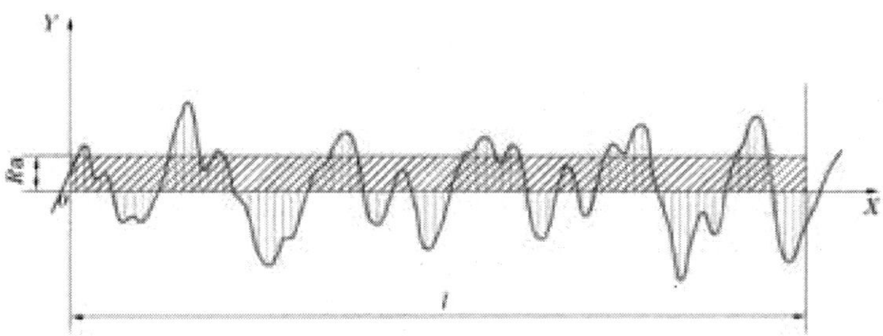

[산술 평균 거칠기]

표면 거칠기 기호는 제거 가공 여부에 따라 삼각기호(▽)와 파형(~)으로 표시한다.

다듬질 기호	표면 거칠기 구분값			
	Rmax	Rz	Rz	비고
▽▽▽▽	0.8s	0.8z	0.2a	고급 광택면
▽▽▽	6.3s	6.3z	1.6a	가공흔적 없음
▽▽	25s	25z	6.3a	선삭, 연삭
▽	100s	100z	25a	줄, 거친기계가공
~	제거가공 않음			주물의 표면

[표면 거칠기 기호 및 구분값]

면 기입되는 치수는 제작, 조립, 품질에 이르기 까지 광범위하게 영향을 미친다. 그러므로 치수 기입은 정확하고 보기 쉽고 치수 기입 위치 및 충분한 치수 기입 검토 후 기계도면상에 기입되어야 한다.

1) 다듬질 기호의 표시 연습

➜ 전면이 동일한 원형 부품 다듬질 기호 기입하기

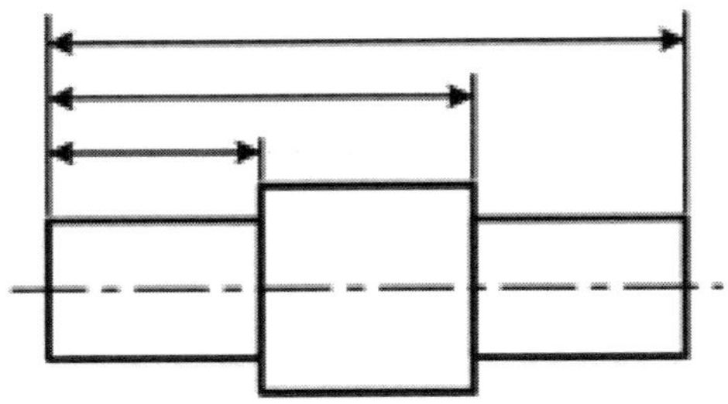

➜ 일부 다른 전면이 있는 원형 부품 다듬질 기호 기입하기

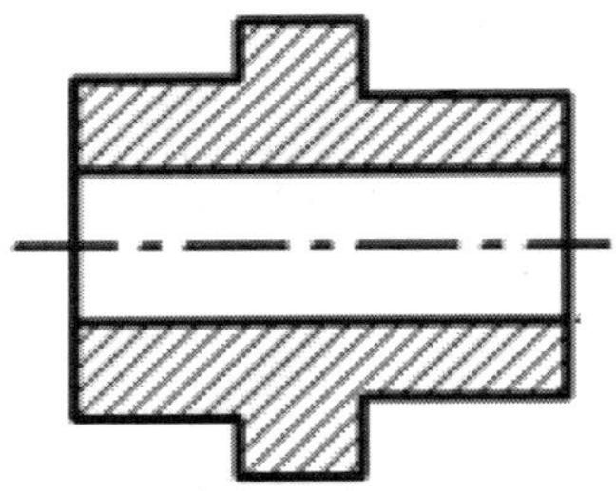

➜ 전면이 동일한 부품 다듬질 기호 기입하기

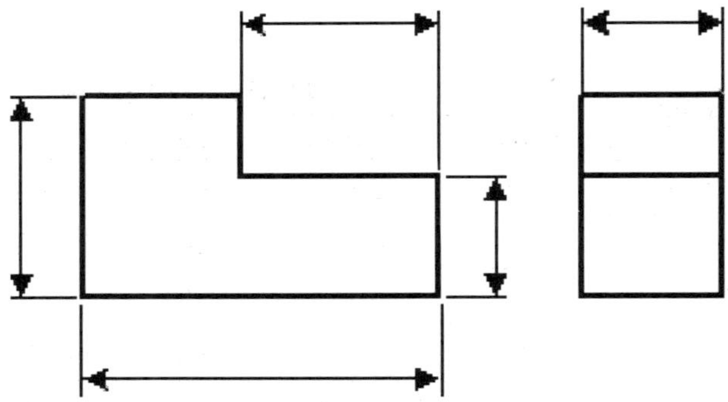

➜ 다듬질 기호의 표시

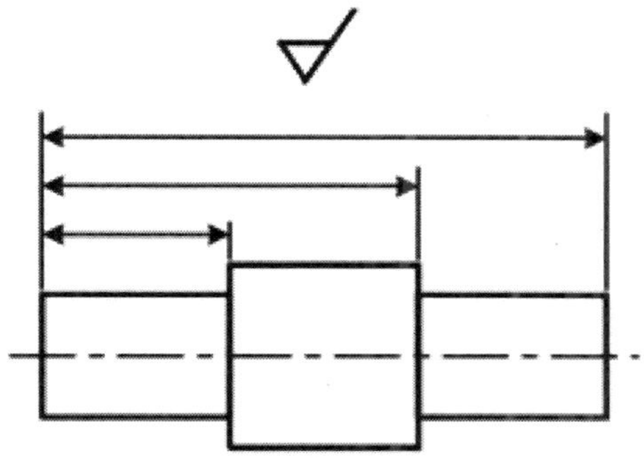

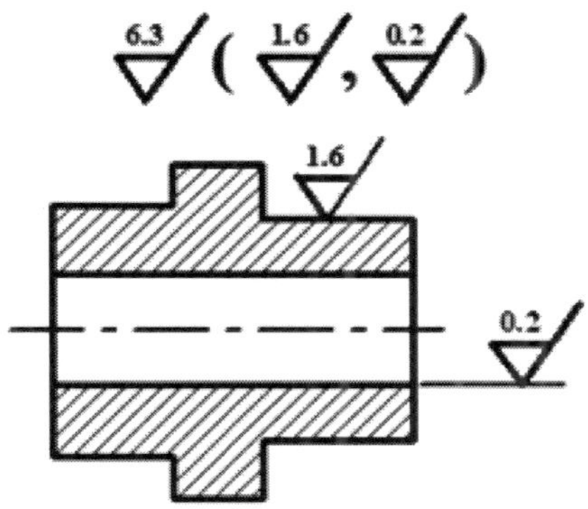

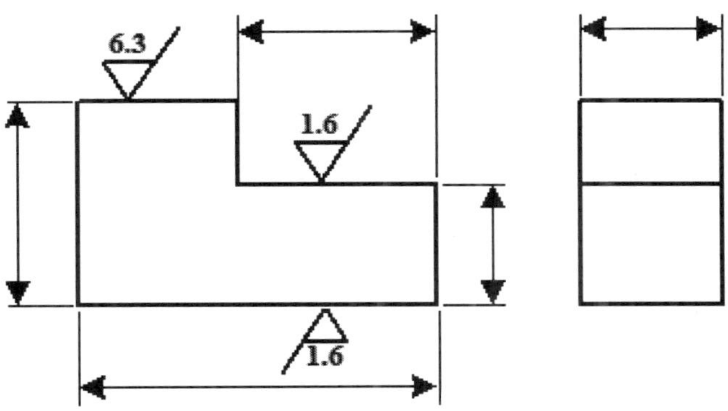

02 기초 공학

기계재료의 강도는 재료의 응력과 변형률 선도를 통해 알 수 있다.

2.1 응력과 변형률

응력은 '응답하는 힘'이란 뜻으로 고체에 작용하는 외부힘에 대해 현재 상태를 유지하려는 힘 혹은 내부 저항력이라 말할 수 있으며 재료의 강도를 나타내는 대표적인 물리량으로 단위는 N/㎡ (Pa)로 나타낸다.

응력(Stress)은 단위 면적당 작용하는 하중(P)이며 변형률은 물체에 생긴 변형량과 원래 길이에 대한 비율을 나타낸다.

$$\text{응력}\,(\sigma) = \frac{\text{작용하중}\,(P)}{\text{단면적}\,(A)} = \text{고체 내부 저항력}$$

응력은 단면 하중과 변형에 따라 하중을 실제 단면적으로 나눈 진응력(True Stress)과 계산 및 실험의 편의를 위해 재료에 작용하는 하중을 일정 단면적으로 나눈 공칭응력(Nominal Stress)이 있다.

하기 그림은 재료에 작용하는 응력과 변형률과의 관계를 나타낸 응력-변형률 선도(Stress-Strain Diagram)의 예시 이다.

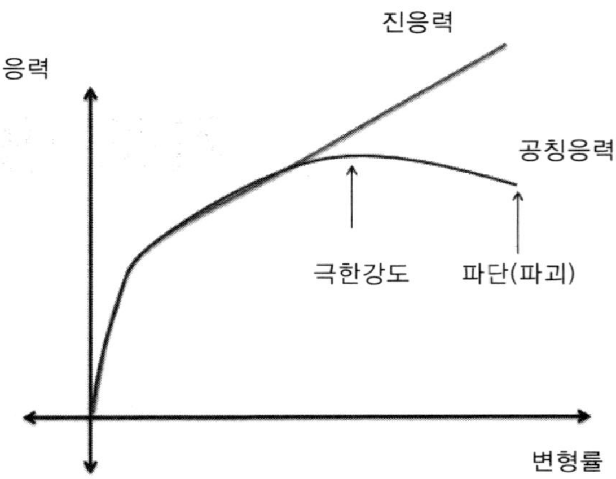

[응력 변형률 선도]

- 비례한도 : 응력과 변형률이 비례적으로 증감하는 구간
- 탄성한도 : 응력을 제거시 변형이 없어지는 구간
- 항복점 : 응력을 증가 시키지 않아도 변형이 연속적으로 커지는 상태의 응력
- 극한강도 : 재료가 견딜 수 있는 최대 응력
- 후크의 법칙 : 응력과 변형률이 비례하는 법칙

2.2 작용하는 방향에 따른 하중

기계나, 구조물 등의 물체에 작용하는 외력을 하중(Load)이라 한다.

기계는 외부에서 공급받는 에너지를 그 용도와 필요에 따라서 기계적 운동 또는 일로 변환시키며 이 과정에서 각 기계부품들은 여러 형태의 힘, 즉 외력을 받게 된다.

외력은 기계 외부에서 작용하는 하중 또는 모멘트를 의미하며 내력은 물체 내부에서 작용하는 힘을 의미한다.

- 인장 하중 : 재료의 축 방향으로 작용하며 늘어나게 하려는 하중

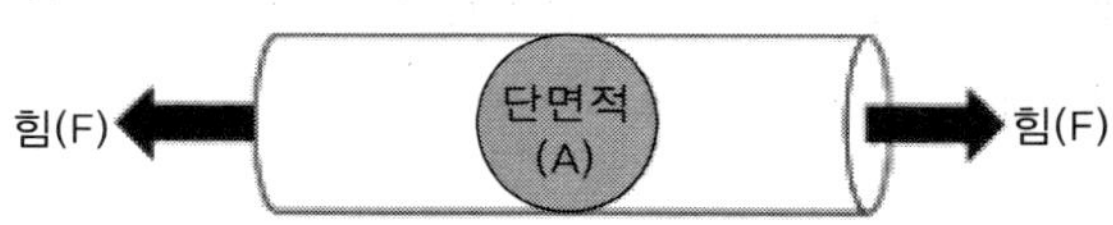

[재료의 인장 하중]

- 압축 하중 : 재료의 축 방향으로 작용하여 재료를 누르는 하중

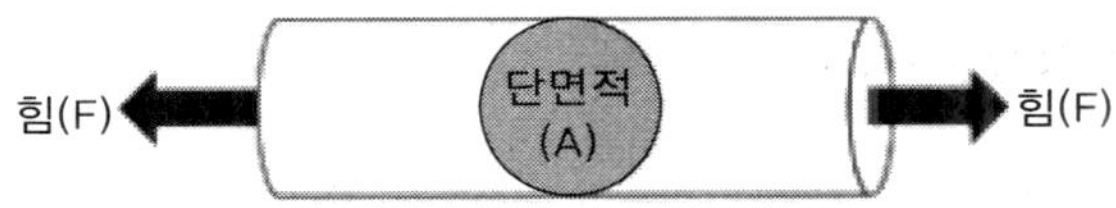

[재료의 압축 하중]

• 굽힘 하중 : 재료를 구부려 휘어지게 하려는 하중

[재료의 굽힘 하중]

• 전단 하중 : 재료의 단면으로 작용하는 하중

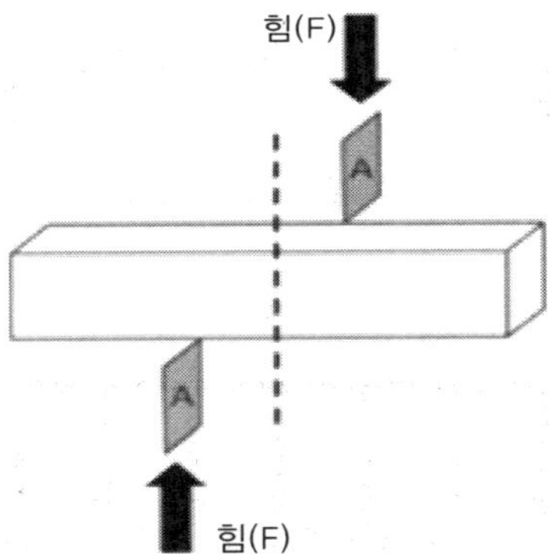

[재료의 굽힘 하중]

• 비틀림 하중 : 재료를 비트는 형태로 작용하는 하중

[재료의 비틀림 하중]

2.3 작용 속도에 따른 하중

기계나, 구조물 등의 물체에 시간과 더불어 크기가 변하지 않는 하중을 정하중이라 하며 하중의 크기가 시간과 함께 변하는 하중을 동하중이라 한다.

정하중은 기계나 구조물에 전체하중이 재료의 한 곳에 작용하는 집중하중과 재료의 어느 범위 내에서 단위 면적당 균일하게 작용하는 분포 하중으로 나누어진다.

또한 동하중은 하중의 크기가 불규칙하게 작용하는 변동, 주기적으로 변화하는 교번, 계속 반복하는 반복, 단시간에 충격적으로 작용하는 충격, 재료의 위를 이동하며 작용하는 이동하중으로 분류할 수 있다.

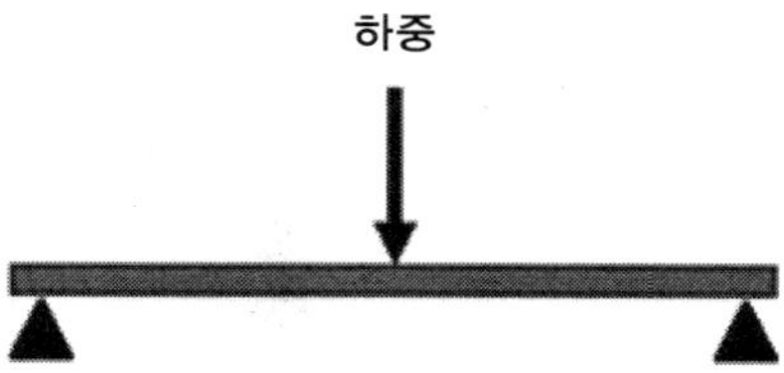

[정하중: 집중 하중]

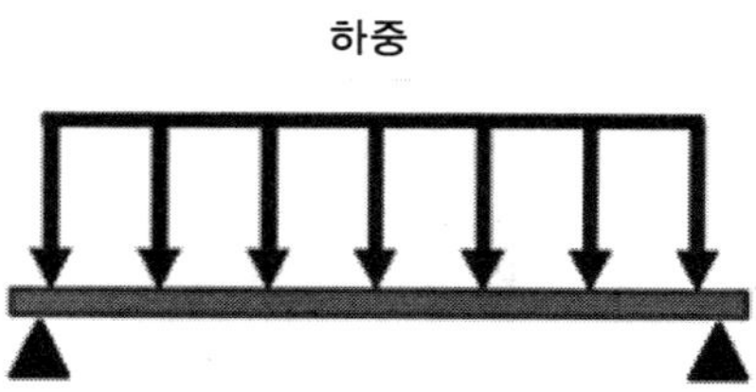

[정하중: 분포 하중]

2.4 기계적 성질

재료에 힘을 가해 얻어지는 응력과 변형률 간의 관계에서 재료의 성질을 관찰할 수 있으며 탄성 한계, 항복점, 강도, 파단 등의 기계성질을 정량적으로 확인 할 수 있다.

- 강도 (strength) : 일정 하중에 대한 인장강도, 압축강도, 굽힘강도, 비틀림강도, 전단강도 등을 의미한다.
- 인성 (toughness) : 재료의 저항성으로 충격에 대한 연성이나 취성을 나타낸다.
- 경도 (hardness) : 재료의 표면 경도, 마모 저항 등을 나타낸다.

• 피로강도 (fatigue strenght) : 동적 하중으로 생기는 각종 피로에 따른 재료의 강도를 나타낸다.

• 연성 (ductility) : 물체가 탄성한도를 초과하여도 파괴되지 않고 늘어난 후 소성되어 변하는 성질을 의미한다.

• 취성 (brittleness) : 재료에 힘이 작용하여 쉽게 부서지는 성질을 나타낸다.

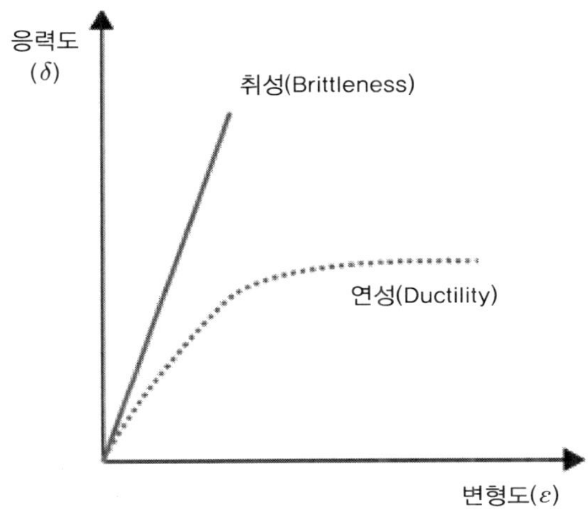

[취성재료와 연성재료의 응력 변형률 선도]

03 기계요소

기계 시스템을 구성하는 단위 부품을 기계요소(machine element)라 하며 그 용도와 목적에 따라 각 요소들을 개별 혹은 조합하여 사용되게 된다.

이들 기계요소는 체결용, 축 계열, 전동용, 제동 및 완충용, 관용 기계요소들로 분류 할 수 있다.

[기계 시스템: 구동 장치 예시]

3.1 체결용 기계요소

기계를 체결하는 대표적인 요소는 볼트(수나사)와 너트(암나사), 키와 핀, 코터(평판 쐐기)와 리벳 등이 있다.

이들 요소는 두 개의 부품을 체결하고자 할 때 사용되며, 기계 시스템에서 기계를 구성하는 중요한 요소이다.

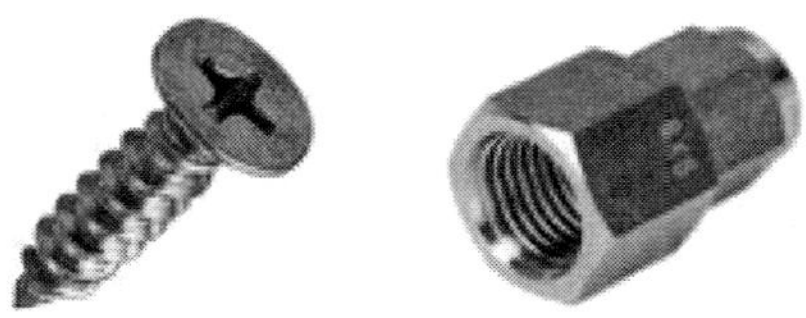

[수나사, 암나사]

1) 나사 (Screw thread)

나사는 봉의 바깥쪽 또는 둥근 구멍의 안쪽을 따라 나선 모양의 산과 홈으로 가지며 선반, 밀링, 등의 절삭 가공 후 필요시 열처리 등을 통해 가공하여 부품의 체결이나 고정, 거리의 조정 및 동력의 전달 등에 사용된다.

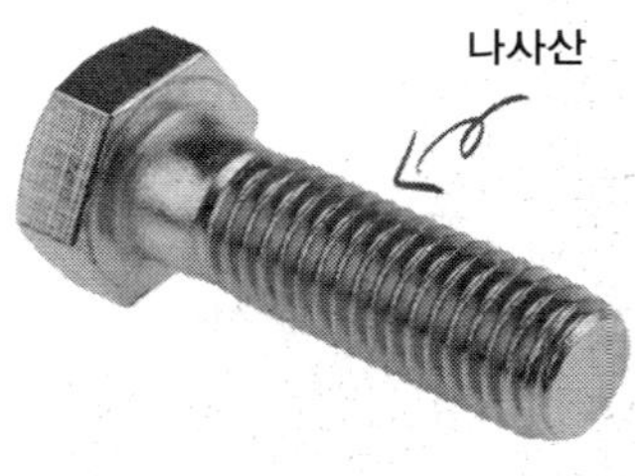

[나사]

원통이나 원뿔의 표면에 코일 모양으로 만든 공통적인 돌기를 나사산이라 하며 나사산의 축선을 지나는 단면에 인접한 두 나사산의 직선거리를 피치(Pitch)라고 한다.

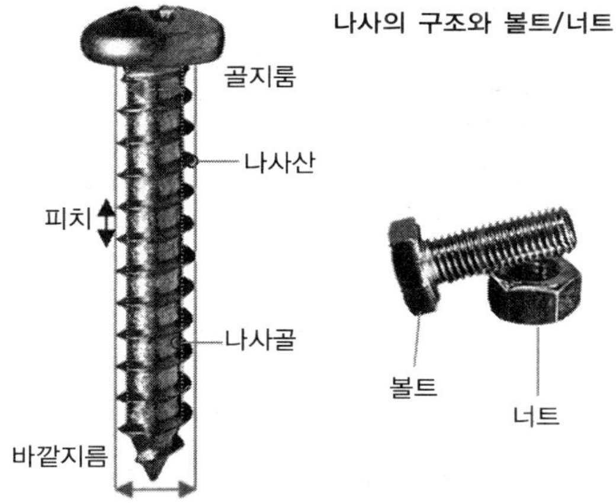

[나사산과 나사골, 피치]

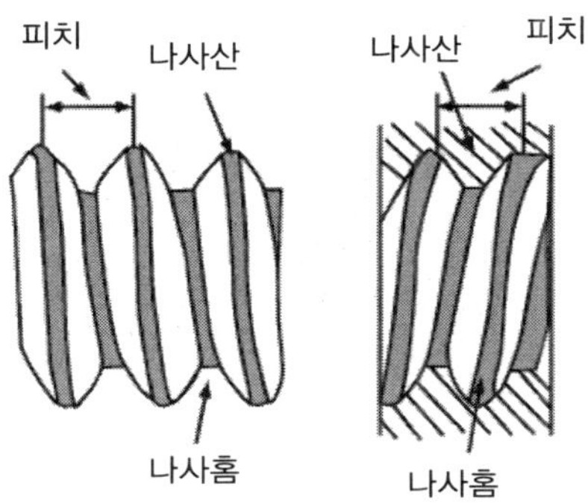

[나사의 세부 명칭]

원통면의 바깥쪽을 깍은 것을 수나사 또는 볼트(Bolt)라 하며 구멍의 안쪽면을 깍은 것을 암나사 또는 너트(Nut)라 한다.

나사산을 시계 방향으로 돌렸을 때 체결(오른쪽으로 감긴 경우)되는 오른나사와 나사를 반시계 방향으로 돌렸을 때 체결(왼쪽으로 감긴 경우)되는 왼나사가 있으며 일반적으로 오른나사를 많이 사용한다.

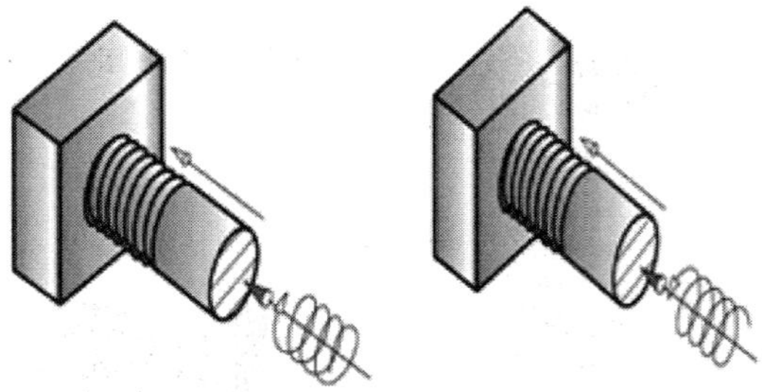

[오른나사(좌)와 왼나사(우)]

나사 줄의 경우 한 줄 또는 두 줄 이상인 경우를 각각 한 줄 나사와 다중 나사라 하며, 나사 줄 수의 따라 두 줄 나사, 세 줄 나사로 구분하기도 한다.

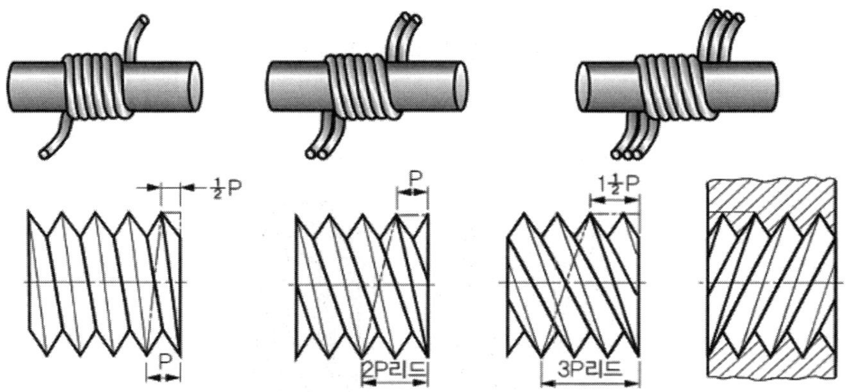

[나사 줄에 따른 명칭: 한 줄 나사, 두 줄 나사, 세 줄 나사]

나사의 종류는 외형에 따라 수나사, 암나사, 나사선의 감긴 방향에 따라 오른나사, 왼나사, 감긴 줄 수에 따라 한 줄 나사, 두 줄 나사, 다중 나사, 나사산의 크기에 따라 보통 나사, 가는 나사, 호칭에 따라 미터 나사, 인치 나사, 나사산의 모양에 따라 삼각 나사, 사각 나사, 사다리꼴 나사, 기어 나사, 원형 나사 등이 있다.

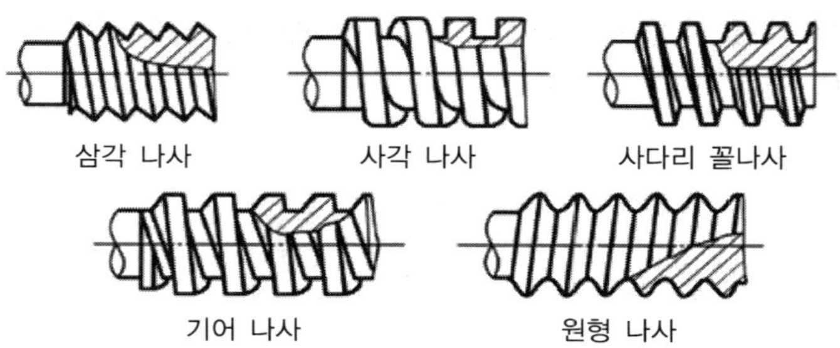

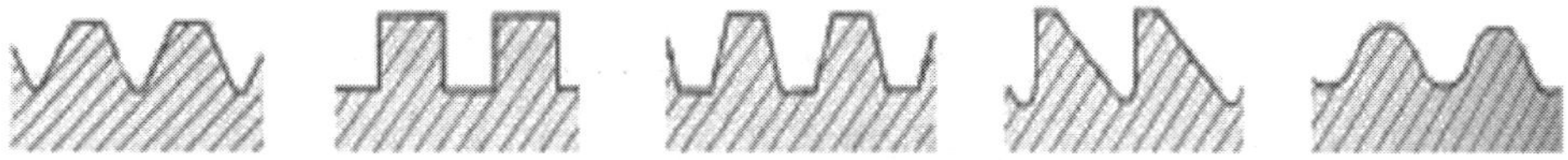

(a) 삼각 나사 (b) 사각 나사 (c) 사다리꼴 나사 (d) 톱니 나사 (e) 둥근 나사

[나사산의 모양]

나사의 호칭지름은 나사의 크기를 나타내는 지름으로 수나사의 경우 바깥지름을 기준으로 한다.

예를 들어, M4의 경우 문자 M은 미터나사, 숫자 4는 나사의 크기(바깥지름)를 의미한다.

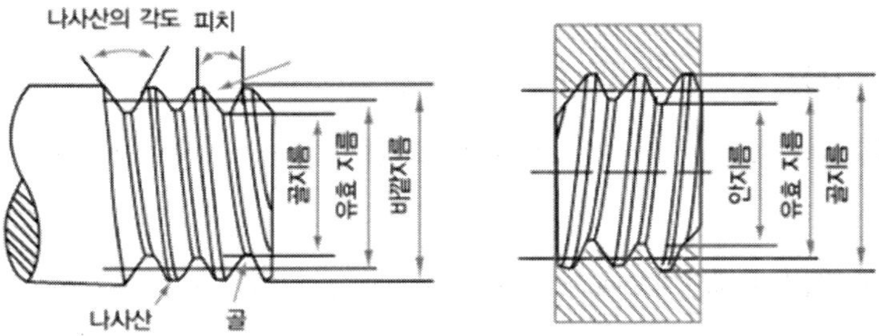

[수나사와 암나사]

삼각 나사는 주로 체결용으로 사용되며, 기계부품의 죔임 및 조정용으로 사용된다.

미터 나사

나사산의 각도가 60°이고 지름과 피치를 mm로 표시하는 나사를 미터 나사 또는 보통 나사, 가는 나사라 부르기도 한다.

일반적으로 보통 나사의 경우 미터를 나타내는 M뒤에 나사의 크기를 나타내는 숫자를 표시하여 나타낸다.

규격 형식 예 : M12 ➜ 바깥지름이 12 ㎜인 미터 나사

M4x0.5 ➜ 바깥지름 4 ㎜, 피치 0.5 ㎜인 미터 가는 나사

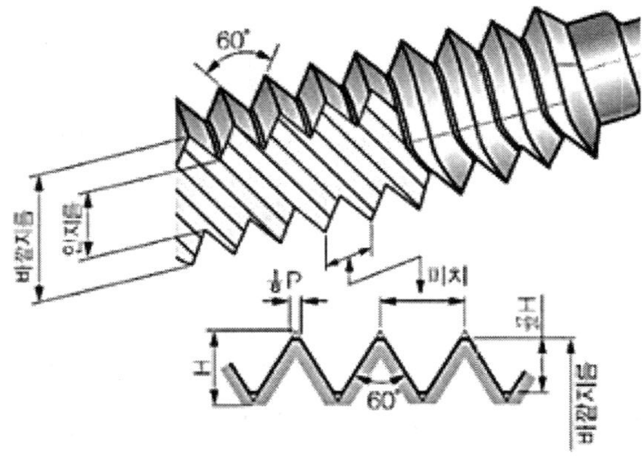

[삼각 나사의 바깥 지름]

유니파이 나사

나사산의 각도가 60°이고 지름을 인치(inch)로 표시하는 나사를 유니파이 또는 유니파이 가는 나사라 한다.

규격형식 예 : 3/4-20UNC-1B ➜ 바깥지름 3/4 inch, UNC 보통나사, 1(나사등급), B(암나사)

- UNC : 보통 나사
- UNF : 가는 나사
- UNEF: 매우 가는 나사
- 숫자 : 나사 등급(숫자가 클수록 정밀, 품질이 좋음)
- A : 수나사
- B : 암나사

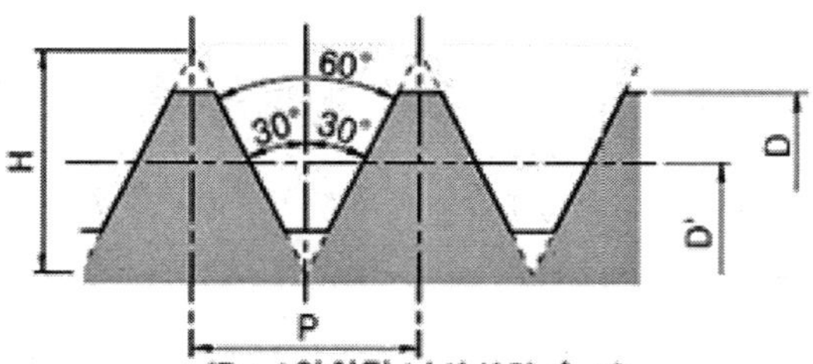

[1인치당 나사산의 수]

관용 나사

관을 연결할 때 사용되며 관용 테이퍼 나사와 관용 평행나사가 있다.

[관용 나사]

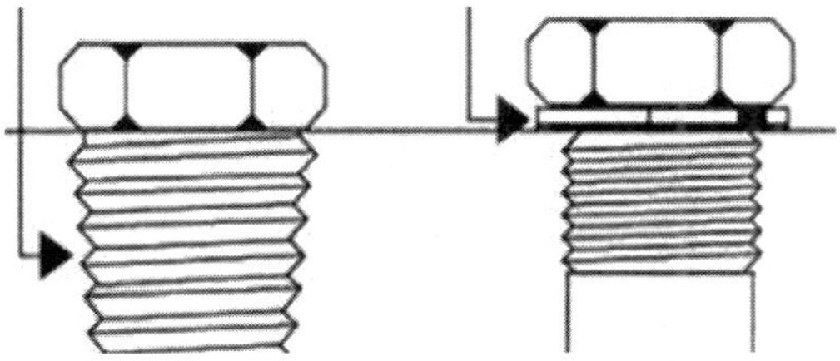

[관용 테이퍼 나사(좌), 관용 평행 나사(우)]

관통형 나사

연결된 두 재료에 구멍을 뚫고 볼트를 끼운 후 반대쪽에서 조이는 경우 관통형 나사를 사용한다.

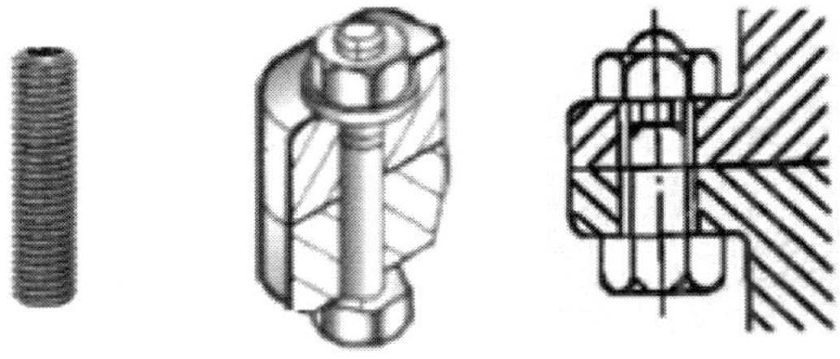

[관통형 나사]

탭 나사

관통을 시킬 수 없는 경우, 한쪽에만 구멍을 뚫고 다른 재료에는 중간 정도까지만 구멍을 뚫은 후 탭으로 나사산을 파고 볼트를 끼워 사용한다.

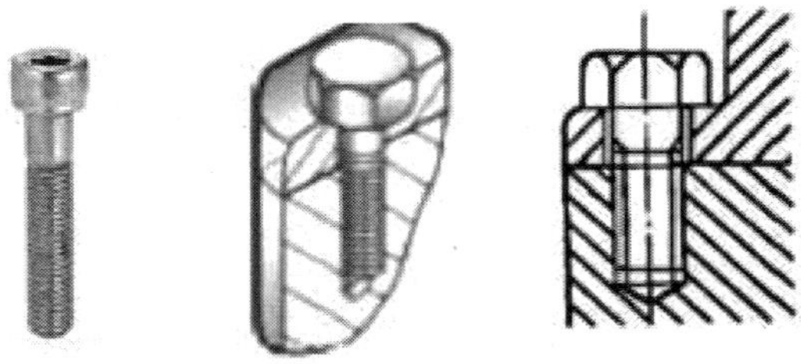

[탭 나사]

스터드 나사

봉의 양끝에만 나사가 절삭되어 잦은 분해 조립을 해야 하는 경우 주로 사용되며, 나사산을 파고 볼트로 관통시켜 너트로 조립한다.

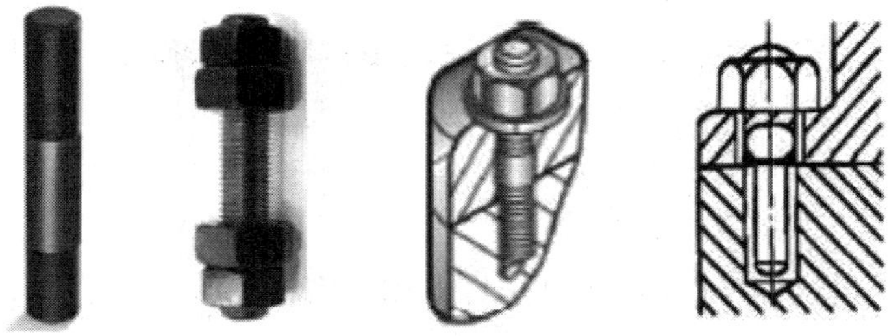

[스터드 나사]

기초 볼트

기계나 설비를 바닥에 고정할 때 사용하며, 기둥의 밑부분이나 철근 콘크리트의 기초로 사용된다.

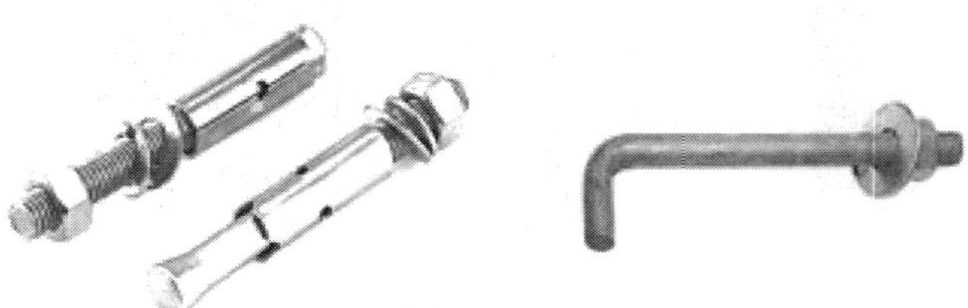

[기초 볼트]

U 볼트

바, 파이프 벽면에 고정시 주로 사용된다.

[U 볼트]

나사 강도와 파괴

나사의 강도는 허용 응력 이하에서는 문제가 없으나 안전율을 고려하여 사용해야 하며 파괴 유형은 축 방향 인장, 나사산의 전단, 축의 전단 및 축의 비틀림에 의한 파괴가 있다.

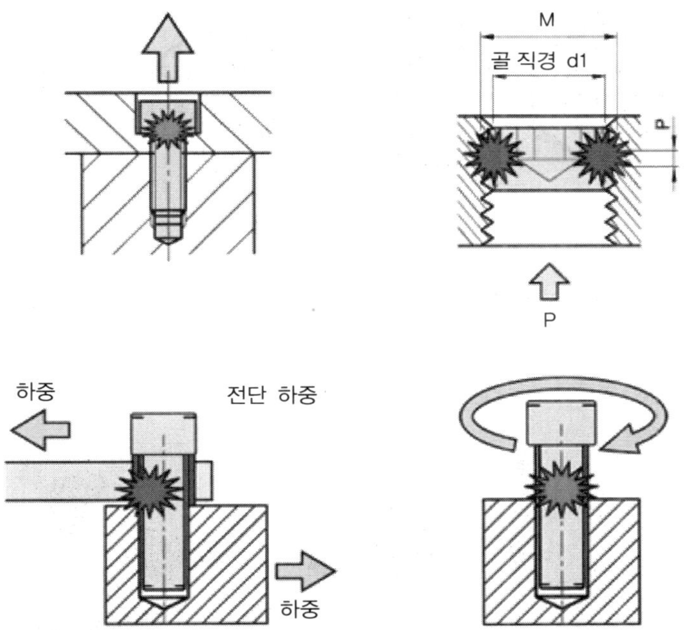

[나사의 파괴 유형]

나사의 강도는 일반적으로 4T, 5T, 6T와 같이 나사 머리 부분에 숫자로 각인 되어 있으며 주로 나사의 두께가 가장 얇은 나사 골에서 많이 발생한다.

나사 머리 각인 예 : 4T ➜ 40 kgf/㎟
5T ➜ 50 kgf/㎟

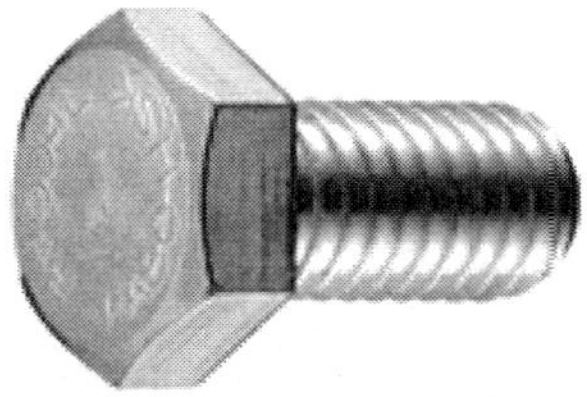

[나사의 머리 부분]

2) 너트

너트는 6각 모양으로 되어 있는 6각 너트와 4각 모양으로 되어 있는 4각 너트가 있다. 6각 너트는 높이가 호칭지름에 대해 0.8배 이상인 너트(일반 6각 너트)와 0.8배 이하인 너트(6각 낮은 너트)가 있다.

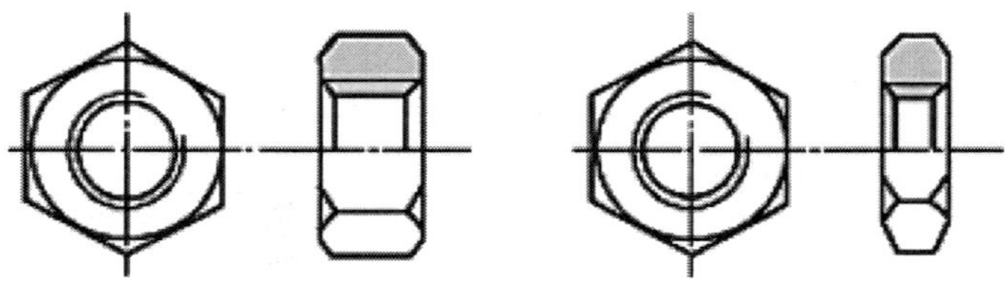

[6각 너트(좌), 6각 낮은 너트(우)]

4각 너트의 경우 습기로 인한 나사 머리 부분의 파손이나 분해가 어려운 건축이나 목공용으로 주로 사용된다.

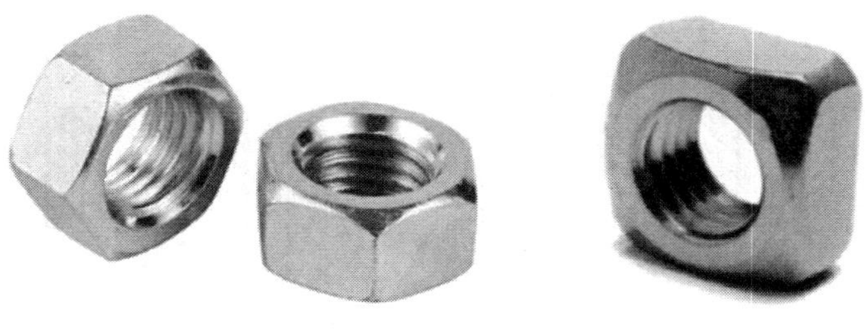

[6각 너트(좌), 4각 너트(우)]

너트의 경우 강도를 숫자로 각인하거나, 등급을 대신 할 수 있는 기호를 사용하여 표시한다.

너트 숫자 혹은 등급의 각인 위치는 위면 또는 측면이며 일반적으로 너트는 음각할 수 있는 공간이 협소하여 점 또는 홈 표시로 각인 되어 있다.

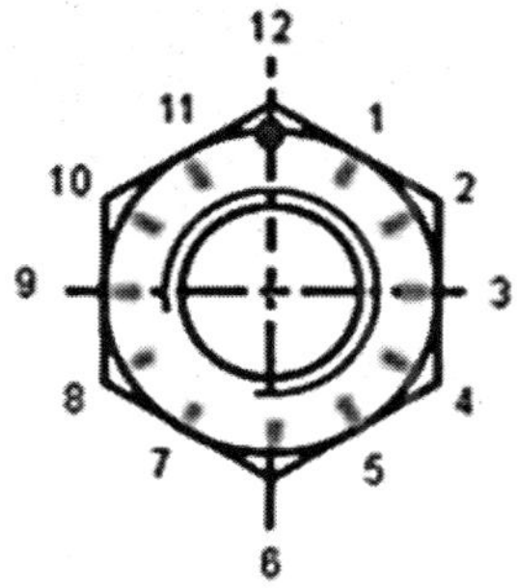

예 : 7T ➜ 70 kgf/㎟

[너트의 각인 위치별 강도]

3.2 축계 기계요소

회전하는 기계의 중심을 고정하거나 중심축을 연결 또는 지지하기 위해 사용하는 요소를 축계 기계요소라 하며, 축, 베어링, 클러치 등이 있다.

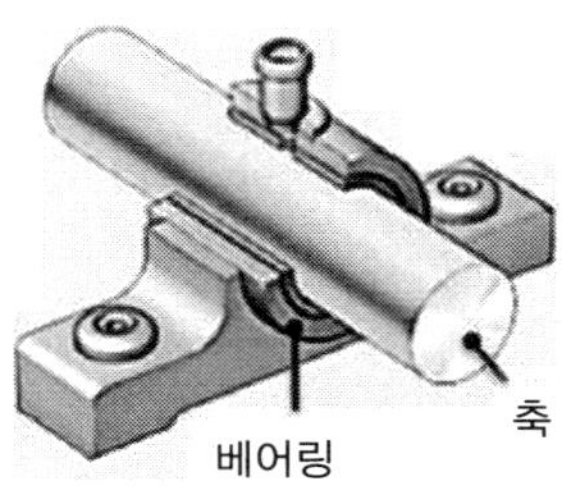

[가전제품과 가구의 볼트 사용 예]

1) 축 (Shaft)

축은 물체가 회전운동을 할 때 그 물체에 고정되어 동력을 전달하거나 작용 하중을 기계에서 지지하는 기능이 있다. 축은 회전하면 양쪽이 같은 속도로 회전하는 기계요소이며 보통 중실환축(속이 찬 실축, Solid Shaft)과 필요에 따라 지름이 크거나 가벼워야 할 때 중공환축(속이 빈 축, Hollow Shaft)이 이용된다.

일반적으로 축은 탄소가 0.1 ~ 0.4% 함유된 탄소강으로 만들어진다.

[실축(좌), 중공축(우)]

- 직선축 : 동력을 전달할 경우 일반적으로 사용
- 크랭크축 : 직선운동을 회전운동으로, 회전운동을 직선운동으로 변환할 경우 사용
- 플레시블축 : 휨이나 일직선 형태의 축을 사용할 없는 경우 사용

[직전축(좌), 크랭크축(중), 플레시블축(우)]

2) 축이음 (Coupling)

축은 제작의 한계로 무한한 길이일 수 없다.

이 경우 여러 개의 축을 이음하여 사용하며 이때 축과 축을 연결하기 위해 축이음(커플링)이 사용된다.

축이음은 축을 연결함과 동시에 토크(회전력)를 전달하는 기계요소로 사용된다.

2-1) 축이음의 종류

고정 커플링 (Rigid Coupling)

고정 커플링은 두 축이 일직선으로 축 방향 이동이 없는 경우에 주로 사용되며 원통, 반겹치기 커플링 등이 있다.

원통 커플링

커플링 중 비교적 간단한 구조로 속이 빈 원통 내부에 두 개의 축을 각각 끼워 일직선이 될 수 있도록 하고 키 or 볼트 등으로 결합하여 전단력이나 마찰력 등의 동력을 전달 할 수 있는 이음 기계요소이다.

[원통 커플링]

반겹치기 커플링

축방향에 인장력이 작용하는 경우 사용된다.

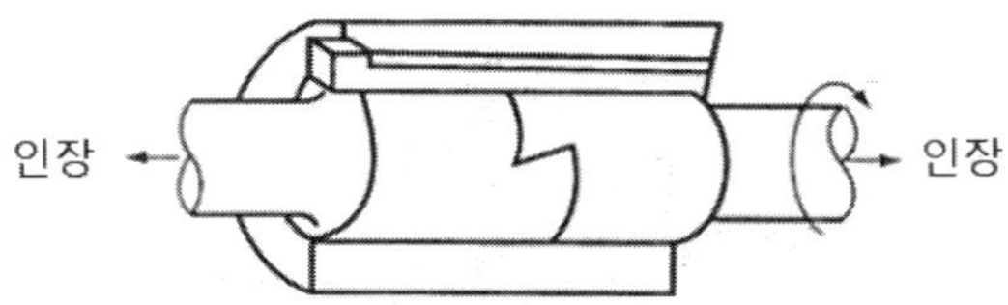

[반겹치기 커플링]

플렉시블 커플링(Flexible Coupling)

두 축의 중심을 정확하게 일치시키기 어렵거나, 엔진, 공장기계 등 진동이 발생하는 경우, 고무나 강선, 스프링 등을 이용하여 충격과 진동을 완화시켜주는 커플링이다.

[플렉시블 커플링]

플랜지 커플링

두 축 끝에 플랜지를 끼워 고정할 수 있도록 제작, 리머 볼트로 두 축을 정확하게 결합하여 고속, 정밀 회전축에 많이 사용한다.

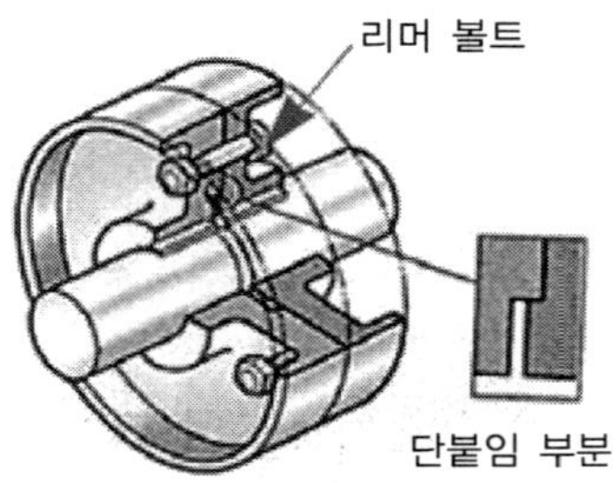

[플랜지 커플링]

유니버설 (Universal) 커플링

두 축이 같은 평면 내에서 어느 각도로 교차하는 경우 양 축단에 십자형 핀으로 자유회전이 가능하도록 연결하여 회전 중 양축의 각도가 변화하도록 제작된 기계요소이다.

[유니버설 커플링]

클러치 (Clutch)

축이 회전 중 결합을 풀어야 할 경우 또는 두 축의 재질이 달라 용접으로 결합하기 어려운 경우 사용한다.

클러치는 맞물리는 모양에 따라 사다리형, 삼각 톱니형 등이 있다.

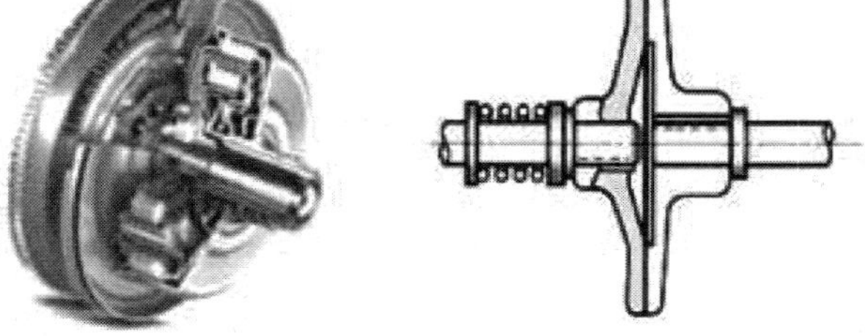

[클러치]

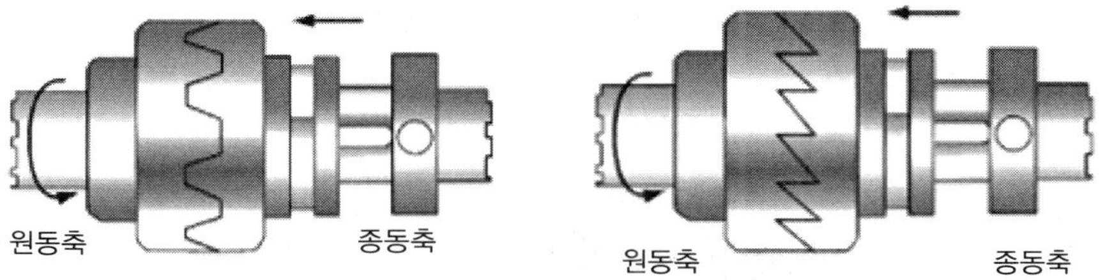

[사다리형 클러치(좌), 삼각톱니형 클러치(우)]

3.3 전동용 기계요소

전동용 기계는 힘이나 운동을 전달하는 기계요소로 구성되어 있다.

회전하는 주축의 운동을 다른 축에 전달하기 위해 기어, 벨트, 체인, 스프로킷 등이 사용되며, 두 축 사이의 속도, 방향, 미끄럼 등의 조건에 따라 적절하게 사용된다.

[기어, 벨트]

[체인, 스프로킷]

3.4 제동 및 완충용 기계요소

기계는 여러 가지 기계요소를 적절히 조합하여 한정된 범위에서 반복 운동하는 장치이며 이때 필요해 의해 적절히 일을 제동할 필요가 있다.

예 : 달리는 자동차를 정지하고자 할 때 사용되는 브레이크
볼펜에 사용되는 스프링

[브레이크, 스프링]

3.5 관계 기계요소

기계를 구성하는 요소 중 물, 기름, 가스 등 유체의 흐름시에 사용하는 요소를 관계 기계요소라 한다.

관계 기계요소는 관(파이프, 배관), 관이름, 밸브 등이 있다.

[관(파이프,배관)]

04 기계가공법

기계를 가공하는 방법은 크게 절삭을 통해 금속 칩(Chip, 쇳가루)을 발생 시키는 절삭 가공과 금속 칩을 발생 시키지 않고 금속의 소성을 이용한 비절삭 가공으로 나누어진다.

기계 공구에 의한 절삭 가공은 칩(Chip, 쇳가루)이 발생하는 반면, 비절삭은 금속에서 칩을 제거하지 않고 원하는 형상을 제작하는 방법이다.

4.1 절삭 가공

절삭가공은 크게 손 다듬질(수기가공)에 의한 방법과 공작기계에 의한 방법으로 나눌 수 있다.

[수기 가공]

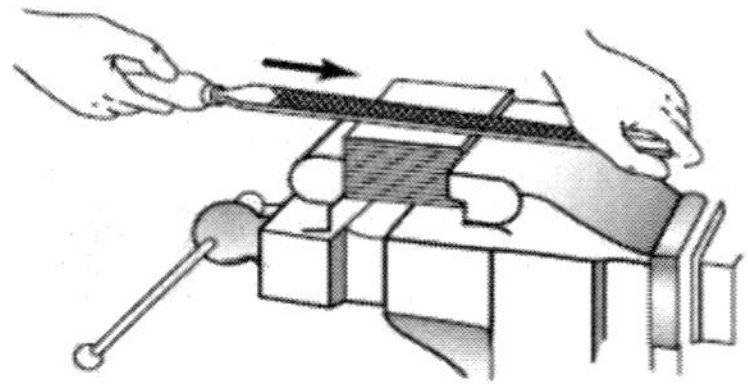

[줄 다듬질]

4.1.1 수기 가공

1) 수기 가공

공작기계를 사용하지 않고 정, 스크레이퍼(scraper), 망치(hammer), 줄(file), 리머, 드릴, 탭, 다이, 톱 등을 사용하는 손 다듬질(수기가공)을 말한다.

2) 종류

수기 가공	공구 종류
금긋기 작업 (Marking-off)	정반(표준대, surfaceplate), 자(scale), 컴퍼서, 트로멜(Trommel), 캘리퍼스, 펀치(punch), V블록, 서피스 게이지(surface gauge)
정(chisel)작업	정(chisel),망치(hammer),바이스(vise)
줄(file)작업	단면형에 의한 분류 : 평형, 원형, 반원형, 각형 삼각형 날의 종류에 의한 분류 : 홑줄날, 두줄날, 라스프날, 곡선날
스크레이퍼 (scraper)작업	평면 스크레이퍼, 빗면날 스크레이퍼, 곡면 스크레이퍼, 훅 스크레이퍼
탭작업	동경 수동 탭(핸드 탭), 중경 탭, 기계 탭, 관용 탭, 마스터 탭, 건탭(gun tap)스테이 탭, 풀리 탭

3) 스크레이퍼 작업

세이퍼, 플레이너로 가공한 평면이나, 베어링과 같이 둥근 내면을 더욱 정밀하게 하기 위해 스크레이퍼로 조금씩 깎아내는 작업을 말한다.

재질은 고속도강이 사용되나, 최근에는 초경팁을 붙여 사용한다.

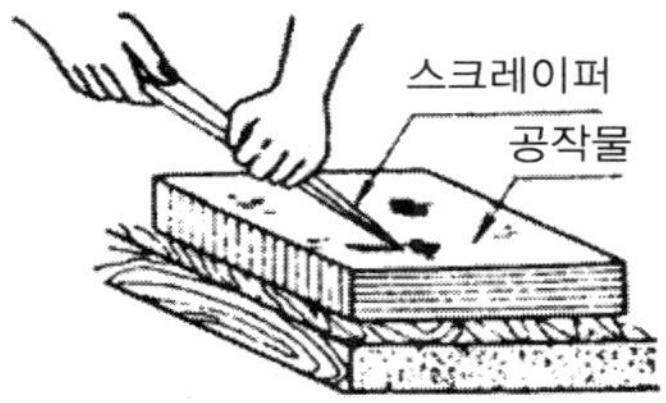

절삭제의 재질	거친 다듬질용	본다듬질용
주철, 연강	70 ~ 90°	90 ~ 120°
동합금, 화이트 메탈	60 ~ 75°	75 ~ 80°

4) 탭 작업

탭은 나사부와 자루부분으로 되어 있으며 암나사를 만드는 공구이다

① 핸드탭 : 1번, 2번, 3번 탭의 3개가 1개조로 되어있다.
탭의 가공률은 1번 55% 2번 25% 3번 20% 가공을 한다.
현장에서는 보통 2번, 3번 탭만으로 태핑을 하기도 한다.

② 기계탭 : 작업능률을 향상시키기 위해 기계에 장치하여 나사를 내는 탭

5) 다이스 작업

다이스는 수나사를 만드는 공구로소 내면은 나사로 되어 있고 칩이 빠져 나올 수 있는 홈이 있다.

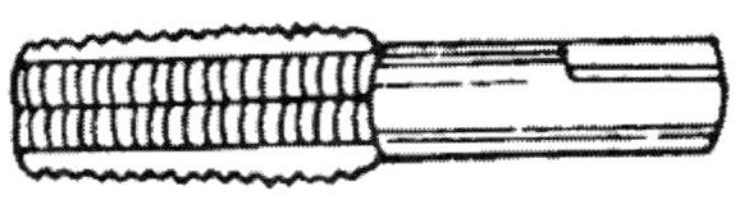

[탭]

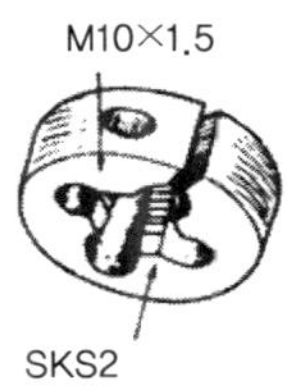

[다이스]

4.1.2 기계 가공

절삭 가공은 금속 등의 재료와 기계 공구를 서로 상대적(상대 운동)으로 움직이면서 깍거나 구멍을 뚫는 등의 방법으로 공작물을 원하는 형태와 치수로 가공하는 방법이다.

이 때 기계공구나 공작물을 회전시켜 발생하는 회전력을 이용하여 칩의 형태로 재료를 제

거하여 원하는 형상의 제품을 제작하게 된다.

기계를 제작하는 공작기계를 이용한 가공시 대부분 절삭으로 이루어지며 밀링, 선반, 드릴링 등이 대표적인 절삭가공이다.

절삭 가공 예 : 바이트(단일날 공구)에 의해 Planing 가공 및 Shaping 가공

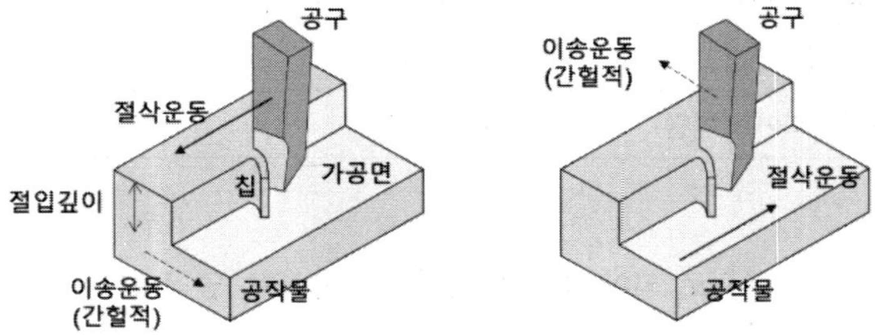

[바이트의 직선운동에 의한 평면가공]

- 절삭 (cutting) : 일감(재료)을 날로 깎아 내는 것
- 공구 (cutting tool) : 절삭에 사용한 날
- 칩 (chip) : 절삭 중 깎여 나간 것

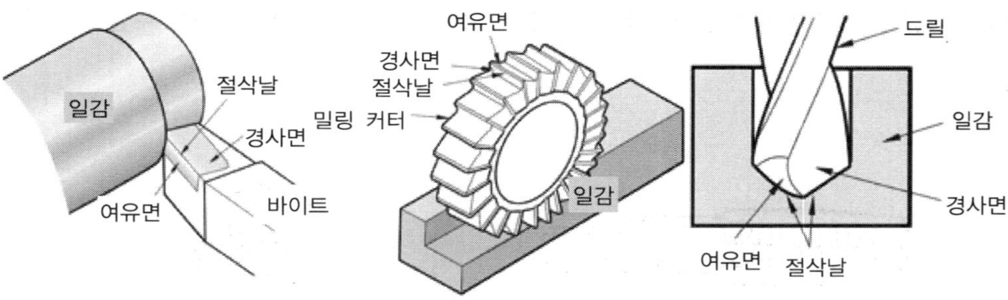

[절삭 가공 예 (선반, 밀링, 드릴링)]

Planing 가공 (평삭기)

플레이너는 평삭기라고도 하며 비교적 큰 공작물의 평면을 플레이너로 이용하여 가공하는 방법이다.

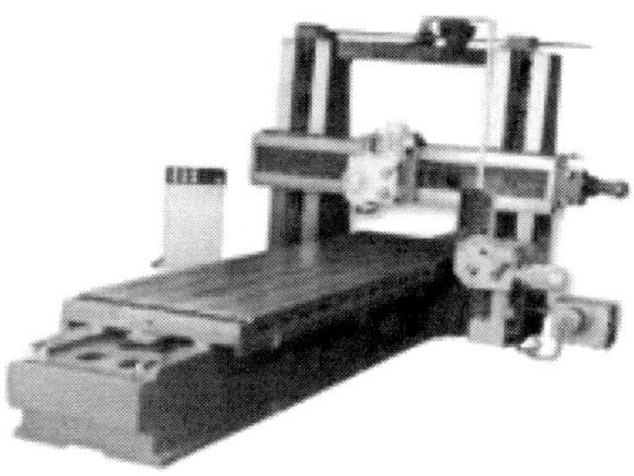

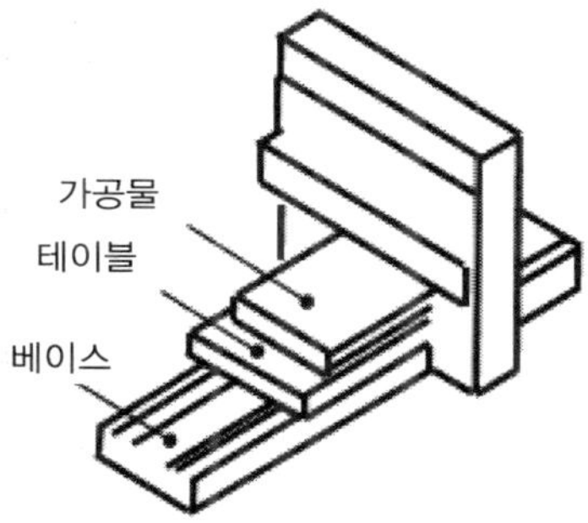

[플레이너(평삭기)]

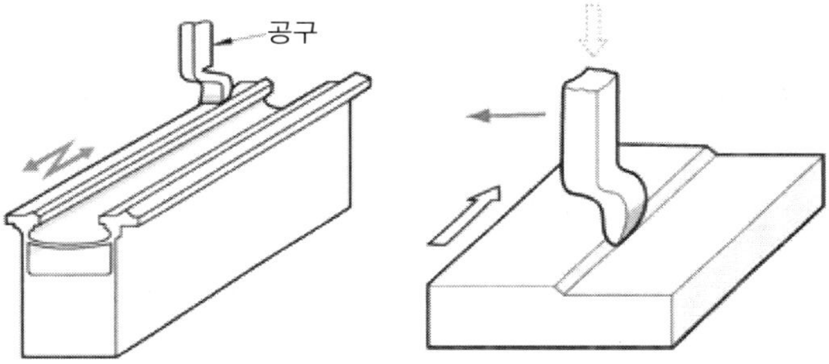

[플레이너 가공]

Shaping 가공 (형삭기)

세이퍼는 기계 공구(바이트)를 수평 왕복 운동하여 테이블에 고정된 재료를 절삭하는 기계로 재료의 이송은 고정된 테이블에서 하며 주로 작은 평면이나 홈, 각도 등을 절삭하는 가공 기계로 형삭기라고 부른다.

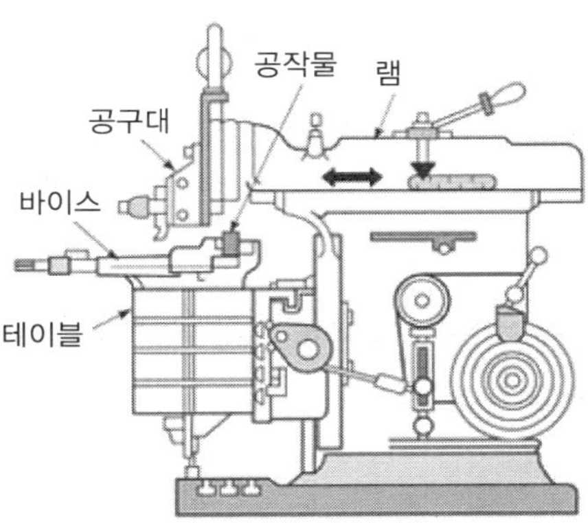

[세이퍼(형삭기)]

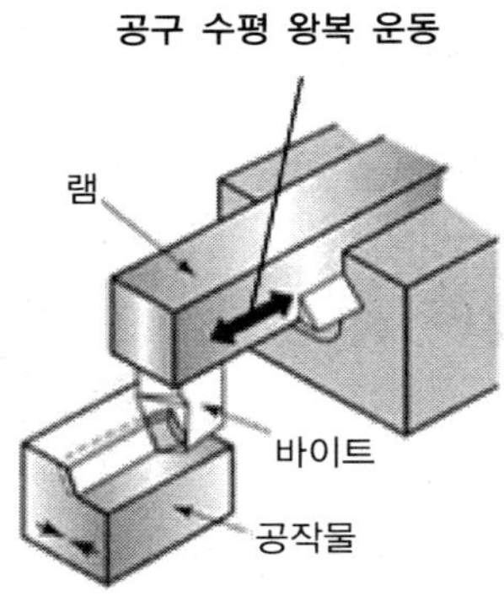

[세이퍼(형삭기)의 공구 왕복 운동]

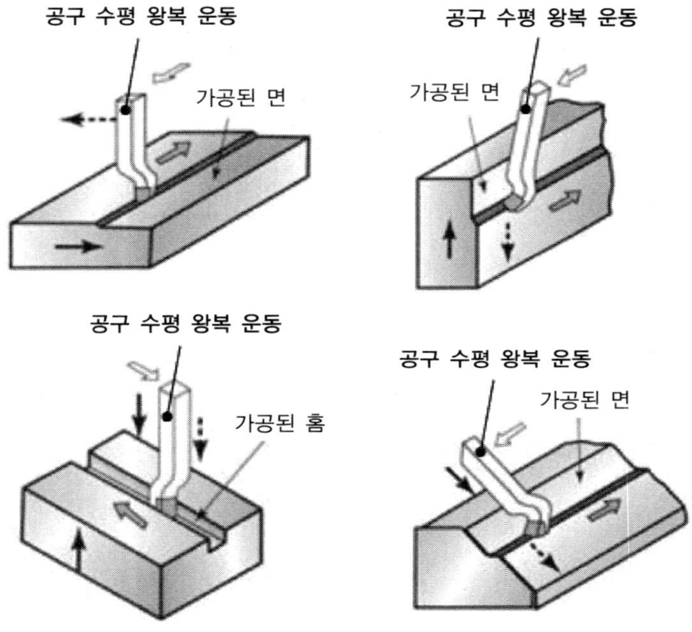

[세이퍼의 수평절삭(좌상), 수직절삭(좌우), 홈 절삭(좌하), 각도 절삭(우하)]

Hale 가공

회전 가능한 주축에 홈가공용 바이트를 붙여 바이트의 방향을 제어함과 동시에, 회전축에 수직인 면에서 공작물에 절삭운동을 부여하여 홈을 가공

절삭 가공 예 : Hale machining

• 헤일 가공 : 평탄하게 연마한 바이트를 가로 방향으로 움직여 가공하는 가공 방법, 밀링

가공은 회전 공구를 사용하여 절삭하는 가공법이며 원호 형태의 절삭 흔적 사이로 기체가 침투하여 진공상태를 유지 할 수 없으며 이를 방지하기 위한 가공 방법이 헤일 가공이다.

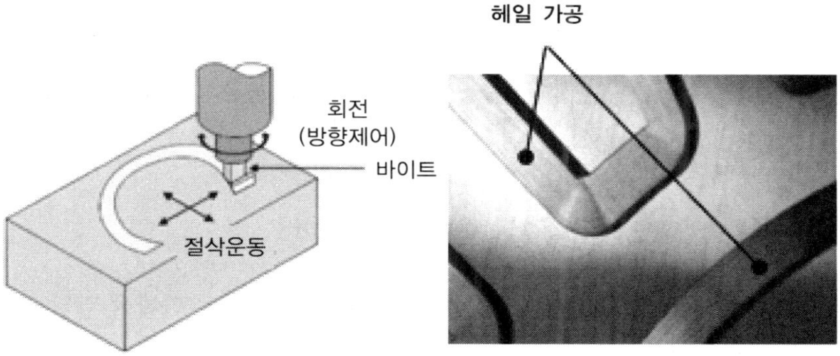

[Hale machining / 헤일 가공]

절삭가공은 주절삭 운동, 이송 운동, 위치 조정운동으로 이루어진다.

주절삭은 재료와 공구에 회전 혹은 직선운동을 말하며, 이송은 깎아내기 위한 위치에 공구 및 재료를 이동시키는 운동, 위치 조정은 재료에서 깍아낼 분량을 조정하기 위한 운동을 말한다.

4.2 절삭 가공 종류

절삭가공은 선삭, 평삭, 밀링, 드릴링(구멍 뚫기), 보링, 탭핑, 연삭 등 다양한 가공 방법이 있다.

- 가공물(재료) 고정 / 공구 운동 : 밀링, 드릴, 연삭
- 가공물 운동 / 공구 고정 : 선반, 플레이너
- 가공물운동 / 공구 운동 : 호빙, 래핑, 원통 연삭

1) 선삭

선반(Lathe)에서 이루어지는 절삭가공을 말하며 원통깎기, 구멍뚫기, 절단, 정면깎기, 나사깍기, 탭핑등이 있다.

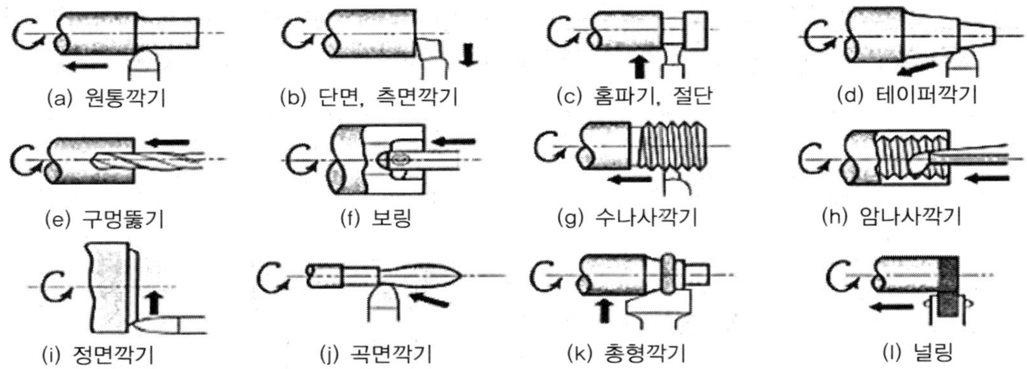

[선삭 (선반 기계) 가공의 예]

- 선반 : 작업물(재료)을 회전하는 스핀들에 고정하고 회전축 주위에서 칼날 모양의 공구를 사용하여 절삭하는 범용 공작기계

2) 평삭

평삭기에 의한 평면 절삭법으로 형삭을 할 수 없는 가공면이 좁고 긴 평면이나 홈 절삭을 하는 가공법이다.

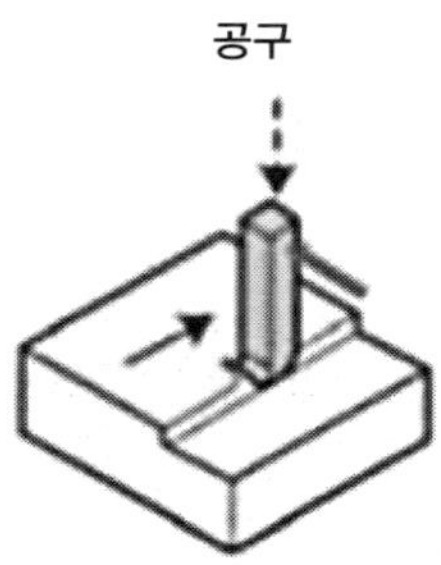

[평삭]

3) 밀링

커터(공구)를 공작물(재료)로 전진시켜 재료를 제거하는 가공법이다.

이때 재료를 제거하기 위해 회전하는 커터(공구)를 사용한다.

밀링 가공시 밀링 머신, 공작물(재료), 지그 및 밀링 커터가 필요하다.

밀링은 밀링커터를 사용하여 공작물(재료) 표면에서 재료를 제거하는 절삭 가공이며 밀링커터는 여러 개의 절삭날이 있는 회전 절삭공구를 많이 사용한다. 회전 절삭공구가 회전축을 따라 전진하는 드릴링과 달리 밀링 중에 밀링 커트는 축에 수직으로 이동하여 회전하는 밀링 커터의 원주내에서는 절삭이 일어난다.

[밀링]

엔드 밀링

엔드 밀링은 프로파일, 홈, 포켓과 같은 특정 형상을 가공하기 위해 가공물에 대해 절입 거리에 따라 결정되는 주변 또는 홈 절삭이며 형상의 깊이는 단일 패스(경로)로 가공하거나 더 작은 축 방향 절삭 깊이로 가공하여 여러 패스(경로)를 만들어 얻어진다.

챔퍼 밀링

모따기라고 하는 각진 표면을 생성하기 위해 공작물의 모서리를 따라 주변(경로)을 절삭한다. 일반적으로 45° 각도를 갖는 모따기는 부품의 외부 또는 내부에서 가공 할 수 있으며 직선 또는 곡선 경로로 만들어진다.

페이스 밀링

공작물(재료)의 평평한 표면을 가공하여 매끄러운 표면을 얻기 위해 가공한다. 재료 단면의 매우 작은 깊이는 단일 패스(경로)로 가공하거나 더 작은 축 방향 절삭 깊이로 여러 패수(경로)로 가공한다.

4) 드릴링

드릴은 공작물(재료)을 축 방향으로 관통하여 공구와 동일한 직경의 구멍을 만든다.

4.3 절삭 가공 칩(Chip)

절삭가공은 공작물(재료)보다 경도가 큰 공구를 사용하여 재료(칩)를 깎아내어 소정의 모양과 치수로 제품은 만드는 작업이며 공작물(재료)의 재질, 공구(칼날)의 재질 및 모양, 절삭속도, 냉각 및 윤활등에 따라 절삭 정도가 달라진다.

일반적으로 경도가 높은 공구(칼날)가 공작물(재료)에 국부적인(일정한 영역)에 전단변형을 줌으로써 공작물(재료)이 조금씩 파단하여 제거되며 이 때 나오는 재료의 부스러기를 칩(Chip)이라 한다.

1) 칩의 형태 및 원인

① 유동형칩 (Flow Type Chip)

: 절삭시 칩이 미세한 간격으로 공구의 경사면 위로 유동하는 형태로 미끄럼 변형을 하여 마치 공구 윗면을 흘러 나가는 모양으로 발생하는 형태로 이 경우 절삭 작업이 원활한 경우이다. (좋은 절삭 조건)

- 연성 재료를 고속 절삭시 발생
- 절삭 깊이가 적을 때 발생
- 공구의 경사각이 클 때 발생
- 절삭제를 사용할 때 발생

[유동형칩]

② 전단형칩(Shear Type Chip)

: 칩의 미끄럼 간격이 다소 큰 형태로 조금씩 끊겨서 비스듬히 위쪽을 향하여 발생하며, 점성 재료의 경사각이 작을 때 발생한다.

- 연성 재료의 가공시 발생
- 저속 절삭시 발생

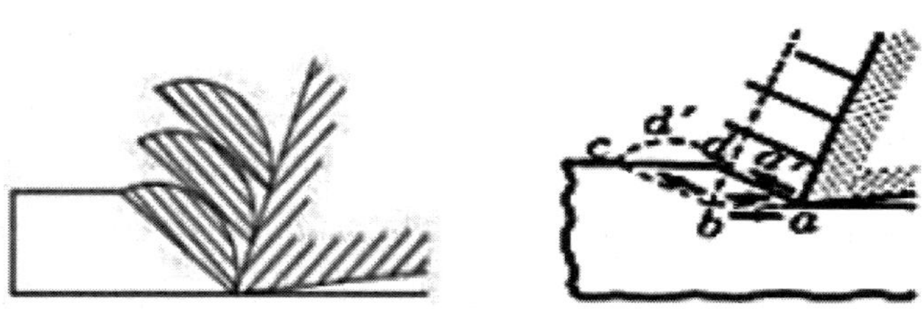

[전단형칩]

③ 열단형칩(Tear type Chip)

: 재료의 제거되는 부분이 공구 윗면에 뭉켜서 흘러 나가지 못하고 공구(칼날)의 전진에 따라 뭉친 부분이 압축 후 균열이 생긴 후 전단 분리되는 모양으로 발생한다.

- 점성 재료의 가공시 발생
- 저속 절삭시 발생
- 공구의 윗면 경사각이 작고 큰 절삭깊이로 가공시 발생

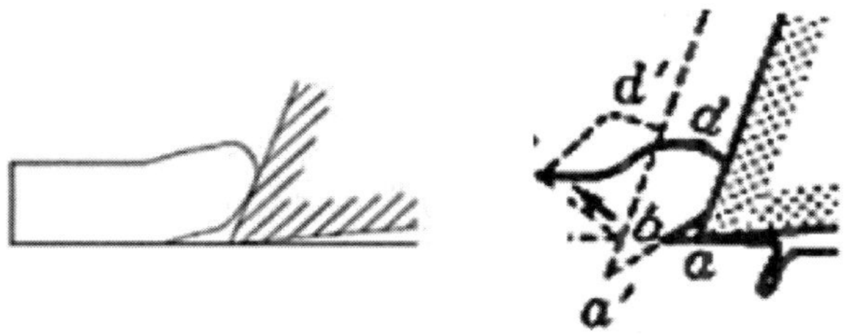

[열단형칩]

④ 균열형칩(Crack type Chip)

: 공구(칼날) 상방의 공작물이 강한 압축력을 받아 순간적으로 균열이 생겨 재료 표면에서 부터 분리되는 모양을 발생한다.

- 취성 재료(주철)를 저속 가공시 발생

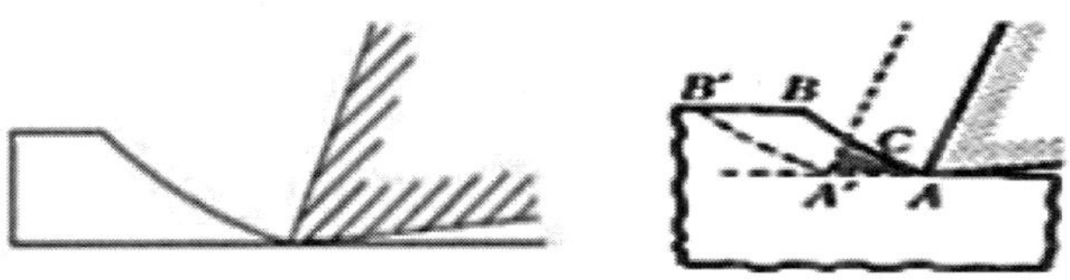

[균열형칩]

칩의 구분	가공물의 재질	절삭공구 경사각	절삭속도	절삭깊이
유동형칩	연하고 점성이 큼	크다	빠르다	작다
전단형칩	↓	↓	↓	↓
경작형칩	↓	↓	↓	↓
균열형칩	굳고 취성이 큼	적다	느리다	크다

⑤ 칩 브레이커(Chip Breaker)

: 선반에서 공구(칼날, 바이트)에 의한 절삭시 칩은 유동형, 전단형, 열단형, 균열형의 형태로 발생할 수 있으며 안전상 가장 문제가 되는 형태가 유동형칩이다.

이 유동형칩은 길게 연속적으로 발생하여 공구 및 가공물(재료), 공작기계 등에 감겨 공구들과 절삭면의 손상을 일으킬 수 있다.

따라서 이를 방지하기 위해서 공구(칼날, 바이트)면에 홈부를 만들거나 초경 합금의 소편을 별도로 공구의 경사면에 부착하여 칩을 전단 또는 작은 반경으로 말리게 하며 이를 칩 브레이커라 한다.

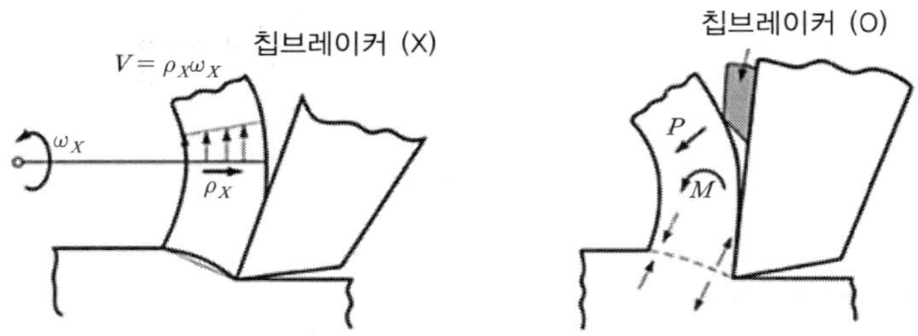

[공구의 칩브레이커]

[FB Type Chip Breaker]

(출처: https://www.sumitool.com)

2) 구성인선 (built up edge)

절삭 작업시 공구(칼날)의 경사면과 칩 사이에 높은 압력과 마찰저항, 절삭열이 발생한다.

공구(칼날, 바이트) 재료와 친화력이 강한 연강, 알루미늄(Al), 스테인리스강을 절삭할 경우 바이트날 끝에 피삭재의 미소한 입자가 압착 또는 용착되어 나타나며 이를 구성인선(built up edge, BUE)이라 한다.

구성인선의 발생은 발생, 성장(→ 최대 성장), 분열, 탈락(→ 일부 잔류)의 과정을 반복하여 절삭이 진행됨에 따라 점차 커져 칩과 함께 떨어져 나가고 일부는 가공 표면에 붙어 절삭가공에 나쁜 영향을 미친다.

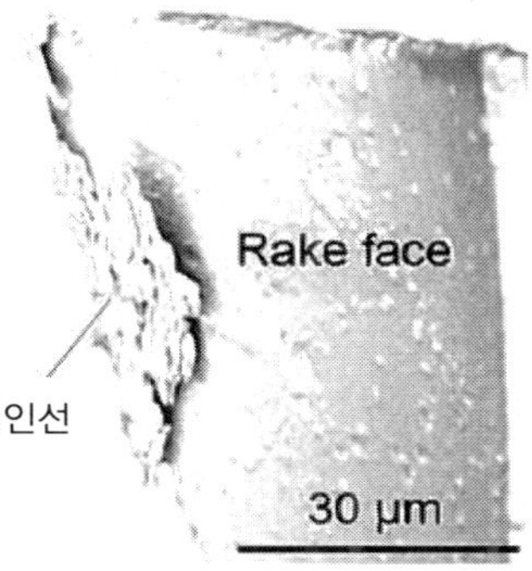

[공구표면의 구성인선의 현미경 사진]

구성인선은 공구의 온도가 올라갈 경우, 공구 윗면 경사각이 작을 경우(30° 이하), 절삭 속도가 작을 경우(50 m/sec 이하), 절삭 깊이가 크고 이송 속도가 적을 경우, 공구 경사면의 거칠기가 좋지 못한 경우 주로 발생하게 된다. 이 경우 절삭 깊이를 적게 하거나, 공구 절삭 경사각을 크게 하거나 공구의 인선을 예리하게 하고, 절삭 속도를 높여 방지할 수 있다.

또한 공구는 표면에 광택 또는 반점의 무늬가 생기거나 가공된 치수의 변화가 일정량 이상일 경우 공구 수명의 한계로 인식하고 교체하는 것이 바람직하다.

3) 절삭저항

절삭할 때 날 끝에 가해지는 힘을 절삭 저항이라 하며 주분력, 배분력, 이송(횡)분력으로 나누어진다. 절삭 저항은 경질 재료일 경우, 절삭 면적이 클 경우 커지며 고속 절삭이나 공구의 날끝각과 재료와의 경사각이 클수록 감소한다.

- 절삭 저항을 변화시키는 요소
  일감의 재질, 날끝의 모양, 절삭 면적, 절삭 속도

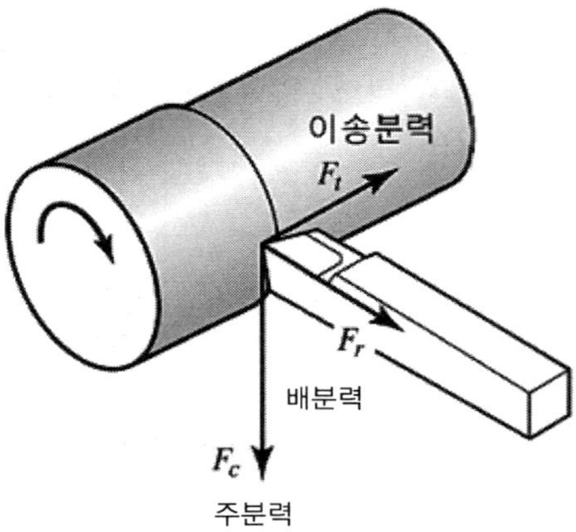

[절삭 저항: 절삭 3분력]

- 절삭 저항 3분력
  ① 주분력 : 절삭 방향과 평행한 방향의 힘
  ② 이송분력 (횡분력) : 공구의 이송 방향과 반대쪽 방향의 힘
  ③ 배분력 : 주분력과 횡분력에 수직한 방향의 힘

- 절삭 속도

$$V = \frac{\pi \cdot d \cdot N}{1000}(m/\min)$$

(d : 공작물의 지름 (mm) , N : 공작물의 회전수 (rpm))

- 절삭 동력

$$HP = \frac{P_1 V}{60 \times 75\eta}(PS)$$

(P_1 : 주분력 (kg), η : 기계효율, V : 회전 속도 (m/min))

- 공구 수명

$VT^n = C$

V : 회전 속도 (m/min), T : 공구 수명 (min)

n : 공구와 공작물에 따른 상수

- 고속도강 (0.1), 초경합금공구 (0.125 ~ 0,25), 세라믹 (0.4 ~ 0.55)

C : 공구, 공작물, 절삭 조건에 따른 상수

• 공구 재료
- 강철절삭공구재료 : 탄소공구강, 합금공구강, 고속도강
- 기타공구재료 : 주조경질합금, 소결초경합금, 세라믹공구, 다이아몬드공구
(고온경도, 인장강도 내마멸성이 높으며 가격이 저렴하고 가공이 용이할 것)

4.4 가공 기계

4.4.1 선반

선반은 공작물을 회전 시킨 후 절삭공구를 고정한 공구대를 전후, 좌우로 이동하면서 공작물의 단면을 회전체 형태로 가공하는 기계이다.

선반의 크기는 보통 베드(Bad)상의 최대 스윙(Swing)또는 왕복대상의 스윙, 양센터 사이의 최대거리, 베드의 길이 등으로 나타낸다.

1) 선반 가공기계의 주요명칭

1.1) **주축대** (head stock)

공작물을 지지하여 회전시키는 주축과 이것을 지지하는 롤러 베어링과 주축을 회전시키는 주축 속도 변환 장치로 구성되어 있다

주축대의 종류는 단차식 주축대, 전 기어식 주축대, 벨트식 주축대, 변속 전동기식 주축대, 유압 전동식 주축대, 무단 변속식 주축대 등이 있다.

1.2) **심압대** (tail stock)

주축대의 반대쪽에 붙여 있으며, 일감의 한 쪽 끝을 센터로 지지하거나 드릴탭, 리머 등의 절삭 공구로 고정하는 작업에 사용된다.

1.3) **왕복대** (carriage)

배드의 안내면 상에 놓여지고, 주축대와 심압대 사이에 위치하며, 좌우 왕복 운동을 한다.

1.4) **배드** (bed)

상자형 주물로 그 위에 주축대, 심압대, 왕복대, 공작물 등을 지지하며 절삭 운동의 저항 및 안내 작용을 한다.

1.5) 이송 기구 (feed mechanism)

이송 기어 상자와 변환 기어로 구성되며, 주축으로부터 전동된 회전을 이송축이나 리드스크류에 전달하게 되어 있다.
이송 방식은 자동, 수동 이송 방식이 있다.

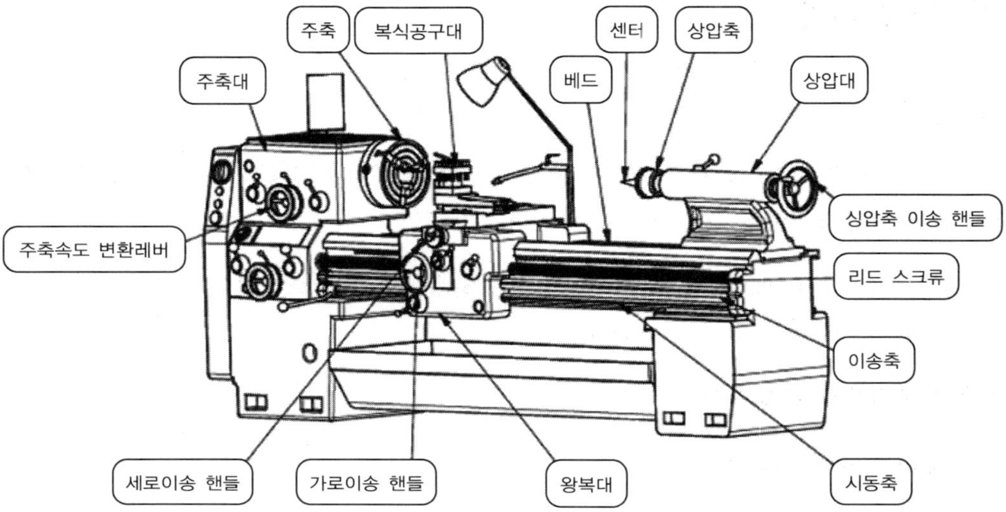

[선반]

2) 선반 가공기계의 부속 장치

2.1) 센터 (center)

센터의 각도는 보통 60°정도이고 중절삭의 경우에는 75°와 90°이다.

① 회전센터 (live center) :지지 부분의 마찰이 적어 재질은 연강이고 주축에 고정하는 센터로 자루부분은 모스 테이퍼로 되어 있다.

② 정지센터 (stop center) : 심압대에 고정하는 센터로 센터 끝에 마찰열로 손상이 많으므로 초경합금을 경납땜하여 사용한다.

③ 베어링센터 (bearing center) : 심압축에 꽂아 공작물과 함께 회전하는 센터이다

④ 하프센터 (half center) : 끝면 깎기에 사용하는 센터이다.

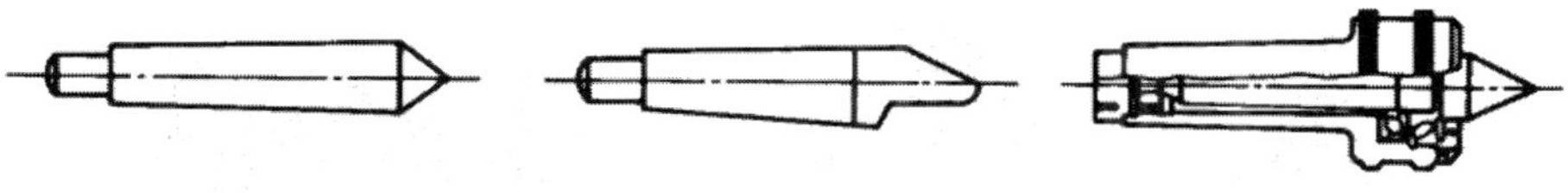

[보통 센터] [하프 센터] [회전 센터]

[선반 부속장치: 센터]

2.2) 센터 드릴 (center drill)

가공물에 센터의 끝이 들어가는 구멍을 뚫는 드릴로 그 크기는 일감의 지름에 따라 정한다.

[선반 부속장치: 센터 드릴]

2.3) 돌림판 (driving plate)과 돌리개 (lathe dog)

양 센터 작업시 주축의 회전을 공작물에 전달하기 위해 함께 사용되며 돌림판은 주축끝 나사부에 고정하고, 돌리개는 공작물에 고정한다.

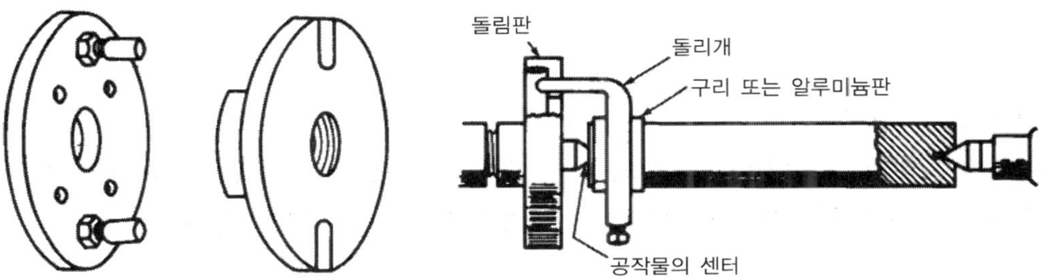

[곧은 돌림판] [곡형 돌림판]

[선반 부속장치: 곧은 돌림판, 곡형 돌림판]

① 돌림판 : 곧은 돌림판, 곡형 돌림판

② 돌리개 : 곧은 돌리개, 굽힘 돌리개, 클램프 돌리개

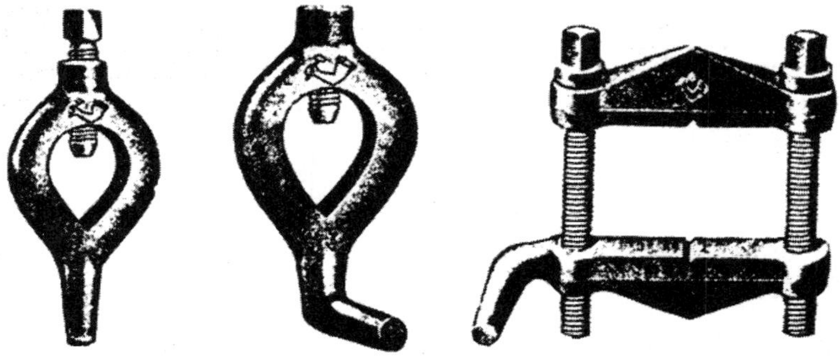

[선반 부속장치: 돌리개]

2.4) **면판** (face plate)

돌림판과 비슷하나 돌림판보다 크며, 일감을 직 · 간접적으로 볼트와 앵글플레이트를 사용하여 고정시킨다.

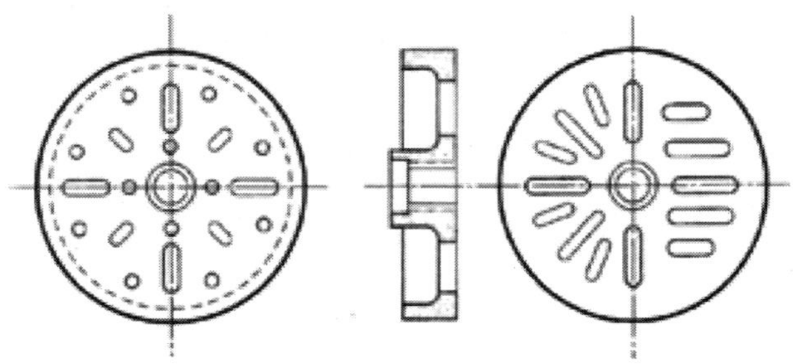

[선반 부속장치: 면판]

2.5) **방진구** (work rest)

가늘고 긴 공작물을 가공할 때 공작물은 자중과 절삭력으로 인하여 휘거나 처짐이 생기고 진동을 일으켜 균일한 직경을 가공하기가 곤란하며 이 때 방진구를 사용한다.

방진식는 고정식 방진구와 이동식 방진구가 있다.

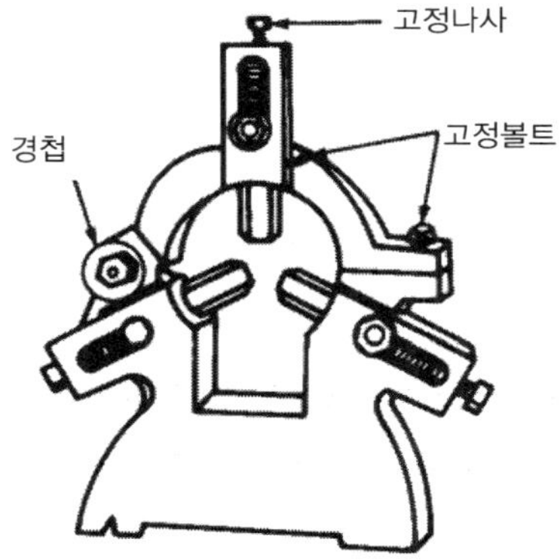

[고정식 방진구]

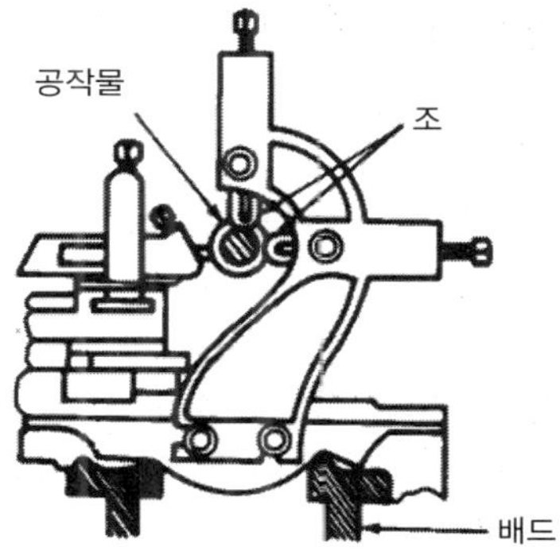

[이동식 방진구]

[선반 부속장치: 고정식 방진구, 이동식 방진구]

2.6) 심봉 (mandre)

기어, 벨트 폴리 등 구멍이 있는 소재의 공작물에 구멍 가공이 먼저 되었을 때 측면이나 외주면을 중심 구멍에 대하여 직각이나 동심원으로 가공하기 위해 사용하는 공구이다.

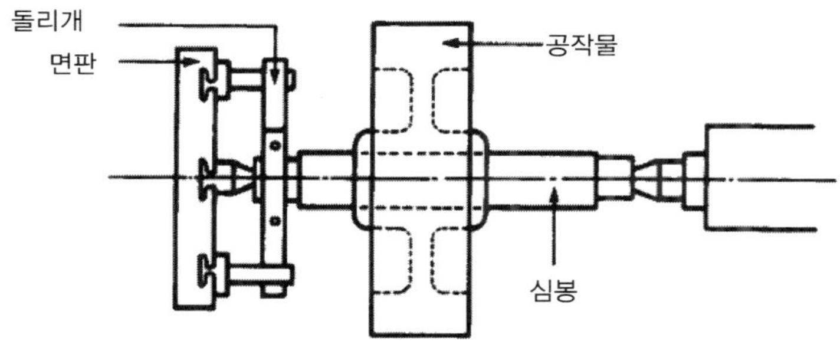

[선반 부속장치: 심봉]

2.7) 척 (chuck)

선반의 주축 끝에 설치되어 공작물을 고정하고 회전시키는 역할을 하는 부속품으로 일종의 원통형 바이스라고 할 수 있으며 단동척, 연동척, 양용척, 마그네틱척, 콜릿척, 압축공기척 등이 있다.

4.4.2 선반을 이용한 가공 종류

1) 나사 절사 작업

주축과 리드 스크류를 기어로 연결하여 공작물의 회전과 리드 스크류의 회전비에 따라 공작물에 나사가 깎인다.

2) 공작물의 회전 절삭운동에 의해 얻어지는 가공면은, 기본적으로 회전대칭면이다. 사용되는 공구는 대부분 바이트로써, 이송방향에 의하여 외주 원통면, 평면(단면) 및 구멍(내주면)이 가공된다.

이송운동을 제어함에 따라 테이퍼면, 나사면 등 다양한 면의 창성이 가능하다.

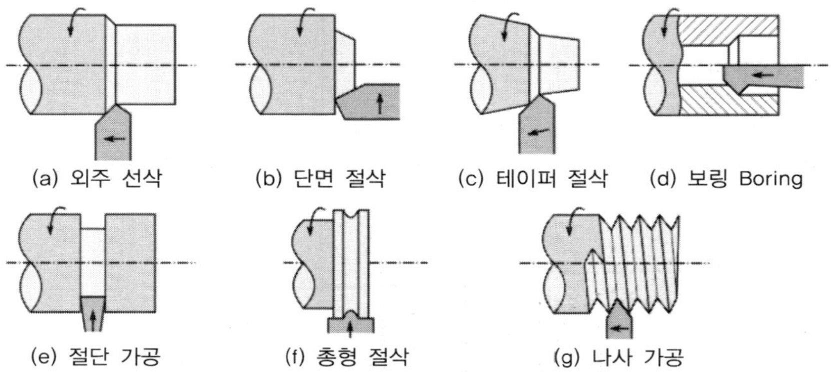

[선반가공의 예]

3) 절삭 공구 (바이트 명칭)

① 윗면 경사각(경사각; rake angle)과 옆면 경사각(side rake angle) : 경사각이 크면 절삭성이 좋으나 날끝이 약해지는 결점이 있으므로 연한 재료에는 경사각을 크게, 단단한 재료에는 경사각을 작게 한다.

② 앞면 여유각(전방 여유각; front clearance angle)과 옆면 여유각(측면 여유각; side clearance angle) : 보통 5 ~ 8°정도로 공구의 끝과 일감의 마찰을 방지하기 위한 것이다.

③ 전면 절삭날각(전방 절인각; front cutting edge angle) : 절삭면과 인선의 앞 가장자리와의 마찰을 막기 위한 것으로 전면 절삭날각이 작으면 진동의 원인이 되고, 크면 절삭 온도가 상승한다.

④ 옆면 절삭날각(측면 절인각; side cutting edge angle) : 절삭 시작과 절삭 끝에 하중이 차츰 증가 또는 감소하므로 바이트에 무리한 하중이 가해지지 않게 한다.

⑤ 노즈 반지름 (Nose Radius) : 측면 절삭날과 전방 절삭날이 교차하는 날끝 부분의 둥근 모양의 반경을 말하며, 노즈 반지름이 크면 가공면이 깨끗하고 날끝도 강하게 되나 배분력이 크게에 되어 진동이 생기며, 작으면 가공면이 거칠고 날끝이 약하게 된다.

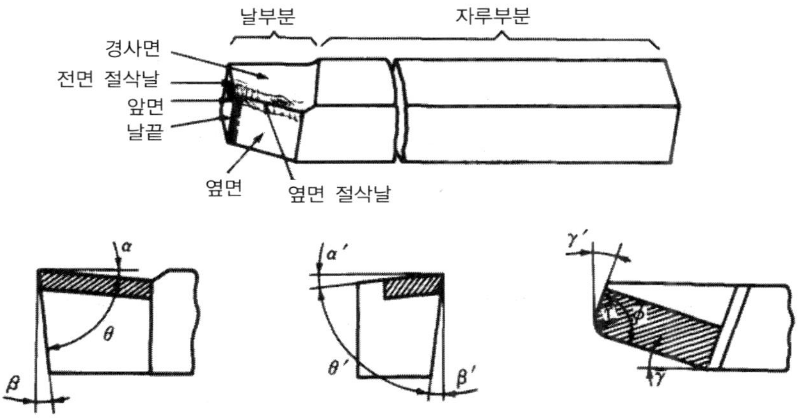

α : 윗면 경사각	β : 앞면 여유각	β' : 옆면 여유각	θ' : 옆면 공구각
θ : 앞면 공구각	α' : 옆면 경사각	γ : 옆면 절삭날 각	γ' : 전면 절삭날 각
ϕ : 날끝각	γ : 날끝 반지름		

[절삭 바이트]

3.1) 바이트의 구비 조건

① 경도가 높을 것

② 고온에서 경도가 높을 것

③ 강인성이 있을 것

④ 제조 및 취급이 쉬울 것

⑤ 가격이 비교적 저렴할 것

3.2) 절삭 속도

절삭 속도가 클수록 표면 거칠기는 좋아지나 속도의 증가와 더불어 절삭 온도가 상승하고 바이트 수명이 급격히 저하한다.

절삭속도 : $v = \frac{\pi d N}{1000}$ (m/min),

(d : 공작물의 지름 (mm), N : 주축의 회전수 (rpm))

4.4.3 드릴 가공

가공 종류	의미	단축기호
드릴링(drilling)	구멍을 뚫는 작업	D
보링(boring)	뚫은 구멍이나 주조한 구멍을 넓히는 작업	B
리밍(reaming)	뚫린 구멍을 정밀하게 다듬는 작업	FR
태핑(tapping)	탭을 사용하여 암나사를 가공하는 작업	
스폿페이싱(spot facing)	너트가 앉을 자리를 만드는 작업	
카운터 보링(counter boring)	볼트 머리가 묻히게 깊은 자리를 파는 작업	DCB
카운터 싱킹(counter sinking)	접시머리 나사의 머리부를 묻히게 원뿔 자리를 파는 작업	DCS

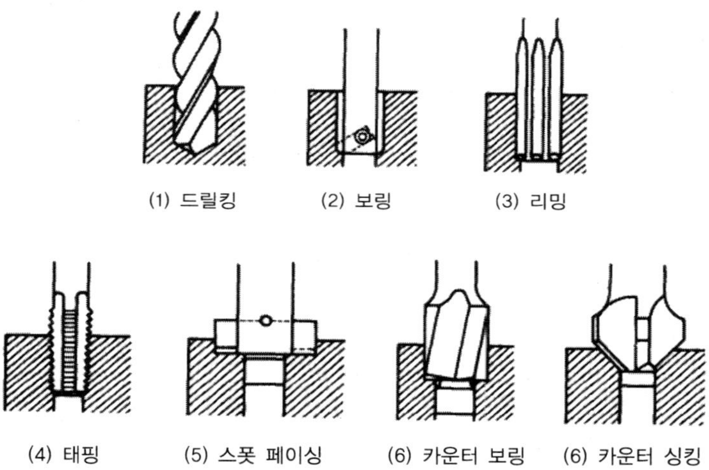

[드릴 가공]

1) 드릴링 머신(Drilling machine)의 종류

1.1) 탁상 드릴링 머신 (bench type drilling machine)

베이스를 탁상 위에 올려놓고 볼트로 고정시키고, 공작물을 테이블에 고정하여 작업하는데 드릴 구멍이 비교적 작고(13㎜이하) 구멍의 깊이가 깊지 않은 가공에 적합하다.

1.2) 레이디얼 드릴링 머신 (radial drilling machine)

대형의 무거운 일감에 여러 개의 구멍을 뚫을 때 일감을 이동시키지 않고 작업할 수 있다. 그 크기는 가공 가능한 최대 지름과 칼럼 표면에서 주축 중심까지 최대 거리로 표시한다.

1.3) **다축 드릴링 머신** (multiple spindle drilling machine)

스핀들의 위치가 조절되며 여러 개의 구멍을 동시에 뚫을 경우 사용하는데 대량 생산의 능률이 증가되고 제품의 정밀도와 호환성이 좋다.

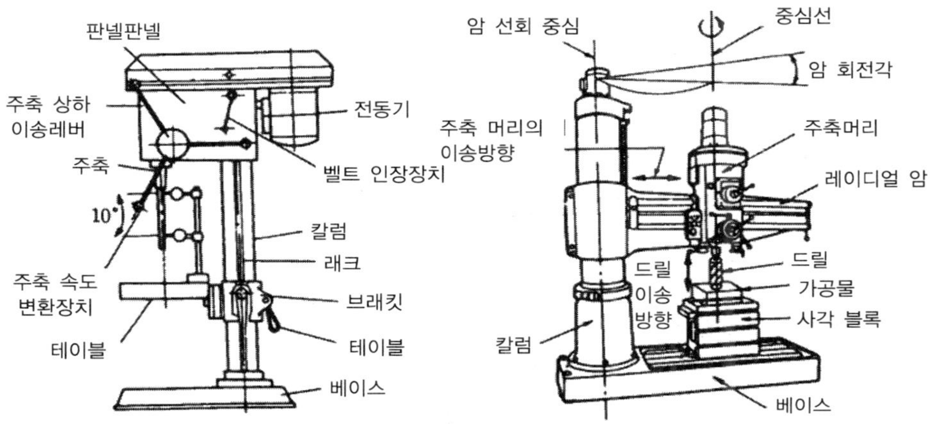

[드릴 머신 예]

1.4) **터릿 드릴링 머신**(turret drilling machine)

특징은 가공 조건을 생각하지 않아도 자동 결정되므로 미숙련공도 프로그램 및 조작이 쉬우며, 버튼(button)의 조작으로 드릴링, 리밍, 테이퍼 가공 등 연속 가공, 자동 가공, 수동 가공이 가능하고 전용과 범용성을 겸비한 드릴링 기계이다.

1.5) **심공 드릴링 머신** (deep hole drilling machine)

각종 내연기관의 크랭크축에 있는 오일 구멍과 같이 지름에 비해 깊이가 깊은 구멍을 능률적으로 정확히 가공할 수 있는 드릴링 머신이다.

2) 드릴의 종류

2.1) **평드릴**(flat drill)

둥근봉의 선단을 납작하게 만들어 날을 붙인 것이며, 가장 간단한 형식으로 연한 재질(목재)을 가진 공작물의 구멍을 뚫을 때 사용되며, 날선단부의 경사각은 30 ~ 40°이다.

2.2) **트위스트 드릴** (twist drill)

가장 많이 쓰이는 드릴로 2개의 비틀림날이 회전 날끝으로 있어 절삭성이 매우 좋으며, 견고하고 구조가 잘되어 있으며 칩은 자연적으로 홈으로 배출되고, 자체 안내 작용이 있어 정확한 구멍이 뚫리면 연삭하여도 지름의 차가 아주 적어 드릴의 수명이 긴 장점이 있다.

2.3) 특수 드릴

① 센터 드릴(center drill) : 공작물을 선반이나 연삭기에 고정할 경우 공작물을 지지 하는 센터 구멍을 뚫을 때 사용한다.

② 유공 드릴(oil tubular drill) : 트위스트 드릴 내부에 기름 구멍을 만든 것으로 기름 공급과 칩의 배출이 용이하므로 깊은 구멍을 뚫을 때 사용한다.

③ 반월 드릴(rifle barrel drill) : 드릴의 선단이 1개의 날로 되어 있으며 날 끝은 드릴의 중심부에 대해 편위되어 있어 소총의 구멍을 가공할 경우 드릴은 고정시키고 총신을 회전시키며 작업한다.

2.4) 드릴 각부의 명칭과 날끝각

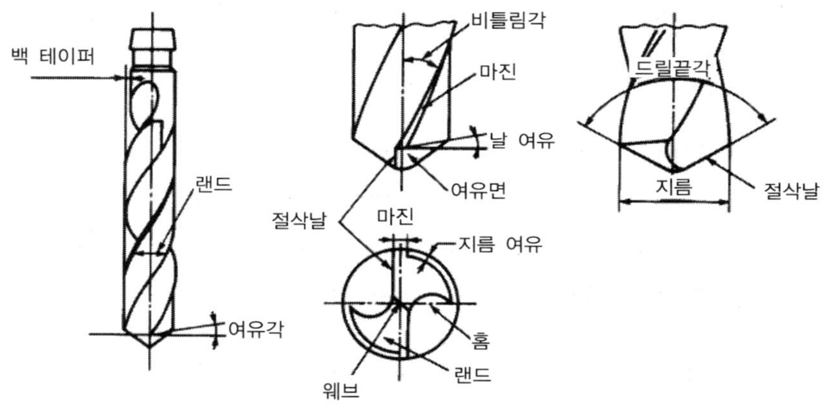

[드릴날의 명칭]

- 몸통(body) : 드릴의 몸체가 되는 부분으로 홈이 있다.
- 홈(flute) : 드릴 몸체에 직선 또는 나선으로 파여진 홈을 말하며, 칩을 배출하고, 절삭유를 공급할 통로이다.
- 생크(shank) : 드릴을 고정하는 부분이며 곧은 것과 테이퍼 진 것이 있다.
- 탱(tang) : 테이퍼 자루끝을 납작하게 한 부분으로 드릴에 회전력을 주는 역할을 한다.
- 마진(margin) : 드릴 홈의 가장자리에 있는 좁은 면으로 드릴의 위치를 잡아주고, 드릴의 크기를 정하며, 예비적인 날의 역할 또는 날의 강도를 보강하는 역할을 한다.
- 웨브(web) : 2개의 비틀림 홈 사이의 뒷골 부분을 웨브라하며 웨브 쪽을 중심 두께라

하여 드릴의 강성을 유지하는 역할을 하고, 자루쪽을 갈수록 두꺼워진다.

- 드릴끝각(선단각 ; point angle) : 드릴 끝에서 절삭날이 이루는 각으로 보통 118°정도(연강)이다.
- 비틀림각(홈나선각 ; helix angle ; angle of torsion) : 나선형 홈과 드릴 축이 이루는 각도로 20 ~ 35°정도이다.
- 날여유각(여유각 ; lip clearance angle ; lip relief angle) : 절삭날이 장해를 받지 않고 재료를 절삭하도록 절삭날에 주어진 여유각으로 10 ~ 15°정도이다.
- 백테이퍼(back taper) : 드릴의 선단보다 자루쪽으로 갈수록 약간의 테이퍼를 준 것으로 구멍과 드릴이 접촉하지 않도록 한 것으로 드릴의 지름이 5 ㎜이상인 것은 100 ㎜당 0.03 ~ 0.1 ㎜정도 지름을 작게 한다.

2.4) 드릴 고정법

(1) 드릴 척을 사용하는 방법

지름이 작은 드릴은 자루가 테이퍼되어 있지 않고 곧으므로 주축 구멍에 맞지 않아 주축에 맞는 드릴척의 자루를 주축에 꽂아서 고정한 후 드릴을 척에 고정시키는 방법이다.

(2) 소켓(socket) 또는 슬리브(sleeve)를 사용하는 방법

드릴 자루부가 주축 구멍에 맞지 않을 경우 슬리브나 소켓을 주축에 박고 거기에 드릴을 꽂아 사용한다.

(3) 드릴을 주축에 직접 고정하는 방법

드릴 지름이 어느 정도 커지면 자루부가 테이퍼로 되어 있어서 이것이 주축의 테이퍼 구멍에 맞을 때는 직접 드릴의 자루를 주축에 박아서 고정시킨다.

2.5) 드릴시 공작물 고정법

(1) 바이스(vise)에 의한 고정 :

보편적으로 공작물을 고정할 때 사용한다.

(2) 클램프(clamp)에 의한 고정 :

앵글플레이트, 나사잭, 볼트 등을 사용하는 데 공작물을 정확히 위치시키는데는 시간과 숙련이 필요하다.

(3) 지그(jig)에 의한 고정 :

신속하고 정확한 구멍을 뚫을 수 있으며 대량 생산에 이용한다.

① 플레이트 지그(plate jig) : 평면에 많은 구멍을 뚫을 경우 사용하는 판상 지그를 말한다.

② 박스 지그(box jig) : 복잡한 가공물에 구멍을 뚫을 경우 사용하는 것으로 상자형으로 만든 것으로 나사나 지그로 정확히 고정되어 있을 뿐 아니라 다른 면도 할 수 있도록 외부에 정확히 가공, 듬질어 있어야 한다.

4.4.4 밀링 가공

원통의 둘레에 많은 날을 가진 밀링 커터(milling cutter)를 회전시켜 테이블 위에 고정된 공작물을 이송(feed)하거나 절삭하는 가공을 밀링 가공이라 한다.

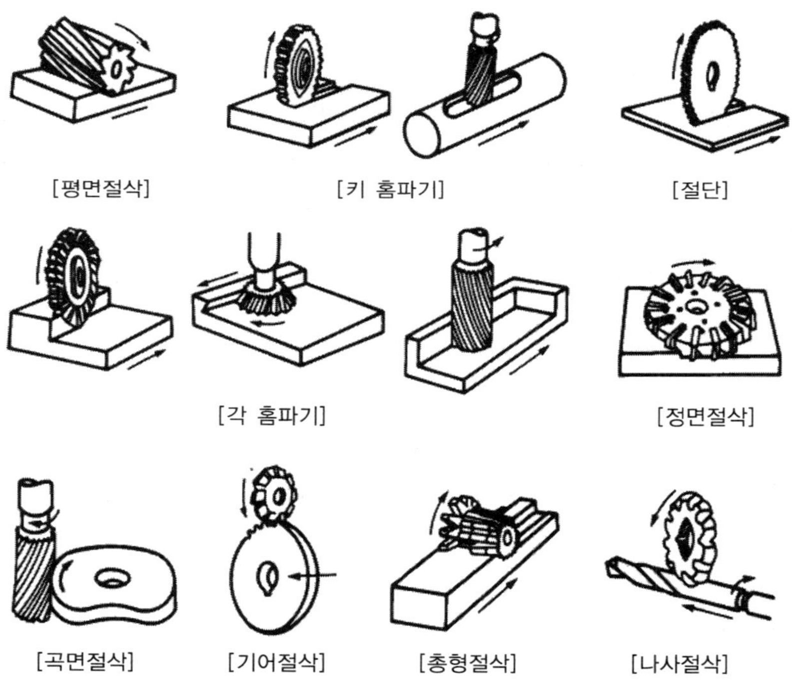

[밀링 가공]

1) 밀링 커터의 종류

밀링 커터는 주로 고속도강(H.S.S)과 초경합금을 사용한다.

① 플레인 커터(plain cutter) : 원통면에 날이 있으며 폭이 10 ~ 15 ㎜인 것은 직선이고 그

이상인 것 은 비틀린 날로 만들며, 비틀린 날의 커터는 절삭이 순차적으로 되며 소비동력이 적고 가공면이 좋으나 추력이 발생하는 단점이 있다.

② 메탈 소오 (metal saw) : 폭 5 ㎜이하로 절단 작업에 사용된다.

③ 측면 커터 (side milling cutter) : 폭이 좁은 플레인 커터의 양측면에도 날이 있어 홈 및 단면 가공에 사용한다.

④ 정면 커터 (face cutter) : 한쪽 단면 및 원통면에 날이 있고 자루(shank)가 없는 커터로 넓은 평면가공에 사용한다.

⑤ 엔드밀 (end mill) : 원둘레와 단면 모두 날을 갖고 있어 키홈이나 좁은 평면 가공에 사용한다.

⑥ 각 커터 (angular cutter) : 원주에 45°, 60°, 70°의 각을 갖고 있어 각을 갖는 홈이나 면을 가공할 때 사용한다.

⑦ 총형 커터 (formed cutter) : 날부분의 형상이 깎으려는 형상과 같은 커터로 드릴, 리머, 기어 절삭에 사용한다.

⑧ T커터 : T형 홈절삭에 사용하는 커터이다.

2) 밀링 머신의 종류

2.1) 니형 밀링 머신 (knee type milling machine)

커터축에 의해 테이블이 전후 좌우, 상하로 움직이며 그 종류는 수평 밀링 머신(horizontal milling machine), 만능 밀링 머신(universal milling machine), 수직식 밀링 머신(vertical milling machine)등이 있다.

2.2) 생산 밀링 머신 (production milling machine)

부품을 장시간 다량 생산하는데 적합하도록 어느 정도 단순화한 밀링 기계이다. 주축대를 이동 시킬 수 있으며 커터를 2 ~ 3개 장착하여 2 ~ 3면을 동시 가공이 가능하며 단두식, 쌍두식, 회전 테이블식 밀링 머신이 있다.

2.3) 특수 밀링 머신 (special milling machine)

모형이나 형판에 의해 밀링 커터가 움직여 같은 형상으로 공작물을 깎을 수 있는 것으로 각종 금형 제작에 널리 쓰이는 모방 밀링 머신 (profile milling machine), 나사 깎는 나사 밀링 머신 (therad milling machine)과 윤곽 제어에 의한 평면캠, 원통캠, 판게이지 등을 가공하는 수치 제어 밀링 머신 (NC milling machine)이 있다.

2.4) 플레이너 밀러(플래노 밀러 ; plano-miller)

플레이너의 공구대 대신 밀링 커터를 붙이는 주축대가 있어 대형 공작물의 강력 절삭에 적합한 밀링 머신이다.

3) 밀링 머신의 부속품 및 장치

(1) 아버(arbor)

plain cutter나 side milling cutter 등과 같이 구멍이 있는 밀링 커터를 고정시키는데 사용하는 것 으로 구조용 합금강으로 열처리되어 있다.

(2) 어댑터(adapter)와 콜릿 척(collet chuck)

face cutter, end mill, T 홈 커터 등과 같이 자루가 달린 커터를 고정할 경우 사용한다.

(3) 밀링 바이스(milling vise)

테이블 위에 있는 홈을 이용하여 바이스를 고정하는 간단한 공작물을 고정시키는데 사용한다.

(4) 회전 테이블(circular table)

300, 400, 500 ㎜의 직경을 가지며, 주로 수직 밀링 가공에 사용되며 수동 및 자동 이송에 의해 회전시킬 수 있으므로 원호형의 홈이나, 바깥둘레 원형 절삭에 사용된다. 핸들 축에는 각도 눈금이 새겨져 있는 마이크로 컬러가 부착되어 간단한 각도 분할도 가능하다.

(5) 분할대(indexing head)

공작물의 바깥둘레를 분할하든지 회전시킬 경우 사용하며, 비틀림각 구동 장치 등과 겸용하여 베벨 기어나 밀링 커터의 비틀림 홈 등을 가공할 수 있다. 규격은 테이블상의 스윙으로 표시한다.

(6) 수직 밀링 장치(vertical milling attachment)

수평식 밀링 머신에서 수직 밀링 머신 작업을 할 수 있도록, 오버 암을 뒤로 후퇴시킨 후 주축대에 고정하여 수직 방향으로 커터를 고정한다.

(7) 슬로팅 장치(slotting attachment)

수직 밀링 장치처럼 주축대에 고정시켜 회전 운동을 슬로터와 같이 직선 왕복 운동으로 바꿔주는 역할을 하여 키홈 등을 깎을 수 있도록 하는 장치이다.

(8) 래크 절삭 장치(rack cutting attachment)

공작물 고정용 특수 바이스와 총형 커터를 이용하여 래크를 가공할 수 있는 장치이다.

(9) 만능 밀링 장치 (universal milling attachment)

밀링 머신의 칼럼면에 고정하여 수평 및 수직면 내에서 임의의 각도로 스핀들을 고정시키는 장치며 헬리컬과 래크를 가공할 수 있는 장치이다.

4) 밀링 작업

4.1) 밀링 커터의 절삭 방향

① 상향 밀링 : 공작물의 이송 방향과 커터의 회전 방향이 반대 방향

② 하향 밀링 : 공작물의 이송 방향과 커터의 회전 방향이 같은 방향

[절삭 방향]

4.1.1) 상향 절삭(올려깍기)의 장점

㉠ 밀링 커터의 날이 공작물을 들어 올리는 방향으로 작용 하므로, 기계에 무리를 주지 않는다.

㉡ 절삭을 시작할 때 날에 가해지는 절삭 저항이 점차적으로 증가하므로, 날이 부러질 염려가 적다.

㉢ 칩이 날을 방해하지 않고 절삭된 칩이 가공된 면에 쌓이지 않으므로 절삭열에 의한 치수 정밀도의 변화가 작다.

㉣ 커터 날의 절삭 방향과 공작물의 이송 방향이 반대여서 서로 밀어주므로 이송기구의 백래시가 없다.

4.1.2) 상향 절삭(올려깍기)의 단점

㉠ 커터가 일감을 들어 올리는 방향으로 작용하므로, 일감 고정이 불안정하고, 떨림이 일어나기 쉽다.

㉡ 커터 날이 절삭을 시작할 때 공작물(재료)의 변형으로 인하여 절삭이 되지 않고 마찰 작용을 하므로, 날의 마멸이 심하다.

㉢ 커터의 절삭 방향과 이송 방향이 반대이므로, 마찰 작용과 아울러 가공면이 거칠다.

4.1.3) 하향 절삭(내려깍기) 장점

㉠ 밀링 커터의 날이 마찰 작용을 하지 않으므로, 날의 마멸이 작고 수명이 길다.

㉡ 커터 날이 밑으로 향하여 절삭하여, 공작물을 밑으로 누르면서 절삭하므로, 공작물의 고정이 쉽다.

㉢ 커터의 절삭 방향과 이송 방향이 같으므로, 절삭날 자리 간격이 짧으므로 가공면이 상향 적삭 대비 깨끗하다.

4.1.4) 하향 절삭(내려깍기) 단점

㉠ 커터의 절삭 작용이 일감을 누르는 방향으로 작용하므로, 기계에 무리를 준다.

㉡ 커터의 날이 절삭을 시작할 때 절삭 저항이 크므로, 날이 부러지기 쉽다.

㉢ 가공된 면 위에 칩이 쌓이므로, 절삭열로 인한 치수 정밀도가 불량해질 수 있다.

㉣ 커터의 절삭 방향과 이송 방향이 같으므로, 백래시 제거 장치가 없으면 가공이 어렵다.

4.1.5) 절삭 속도

절삭속도 : $v = \frac{\pi d N}{1000} (m/\text{min})$

(d: 밀링커터의 지름(mm), N: 밀링커터의 회전수(rpm))

4.1.6) 1분간 테이블의 이송 량 : f

이송량 : $f = f_z \cdot Z \cdot n = f_z \cdot Z \cdot \frac{1000\,V}{\pi d} [mm/\text{min}]$

f_z : 밀링 커터의 날 1개마다의 이송(mm), Z : 밀링 커터의 날수,

n : 밀링커터의 회전수(rpm)

4.4.5 연삭 가공

숫돌이 고속회전하면서 공작물을 가공하는 것을 연삭가공이라 한다.

1) 연삭 숫돌(grinding wheel)

1.1) 숫돌바퀴의 표시법

WA60km V 203 × 16 × 19.1

➜ 입자, 입도, 결합도, 조직, 결합체, 외경 × 두께 × 구멍지름으로 나타낸다.

① 숫돌 자 : 공작물을 연삭할 수 있는 충분한 경도를 갖어야 하며, 충분히 내마멸성과 충격에 견딜 수 있도록 탄성이 높아야 하고, 결합제에 의해 쉽게 결합, 성형되어야 하며, 쉽게 얻을 수 있고, 값이 싸야한다.

예 : 알루미나 (Al_2O_3), 탄화규소 (SiC), 다이아몬드

② 입도 : 숫돌 입자의 크기와 굵기를 숫자로 표시한 것
거친 것, 중간 것, 고운 것, 매우 고운 것으로 구분한다.

호칭	거친입도	중간입도	고운입도	매우 고운입도
입도	10, 12, 14, 16, 20, 24	30, 36, 46, 54, 60	70, 80, 90, 100 120, 150, 180, 220	240, 280, 320, 400, 500, 600, 700, 800

③ 결합도 : 입자를 결합하는 세기를 결합도라 한다.

호칭	극히 연한 것	연한 것	중간 것	단단한 것	매우 단단한 것
결합도	E, F, G	H, I, J, K	L, M, N, O	P, Q, R, S	T, U, V, W, X, Y, Z

④ 조직 : 숫돌의 단위 용적당 입자의 양으로 입자의 조밀 상태를 나타낸다.

입자의 밀도	치밀한 것	중간 것	거친 것
기호(기호)	0, 1, 2, 3 (c)	4, 5, 6(m)	7, 8, 9, 10, 11, 12(w)

⑤ 결합제 : 숫돌 입자를 결합하여 숫돌을 형성하는 재료이다.

예 : 비트리파이드 결합제 (vitrified bond, 기호 V), 실리케이트 결합제 (silicate bond, 기호 S), 레지노이드 결합제 (resinoid bond, 기호 B)

2) 연삭기의 가공

2.1) 연삭 가공

원통 연삭, 테이퍼 연삭, 내면 연삭, 평면 연삭, 나사 연삭, 공구 연삭, 기어 연삭 등을 할 수 있다.

2.2) 연산기의 종류

① 원통 연삭기 : 일감과 연삭 숫돌을 회전시키면서 일감이나 숫돌을 좌우로 이동시켜 가공하는 방법을 트래버스 연삭(traverse grinding)이라 한다.
일감은 그 자리에 회전하고 숫돌을 회전 전후 이송시켜 연삭하는 방식을 플런지 연삭(plunge grinding)이라 한다.
종류는 테이블 왕복형, 숫돌대 왕복형, 플런지 컷형, 만능 연삭기가 있다.

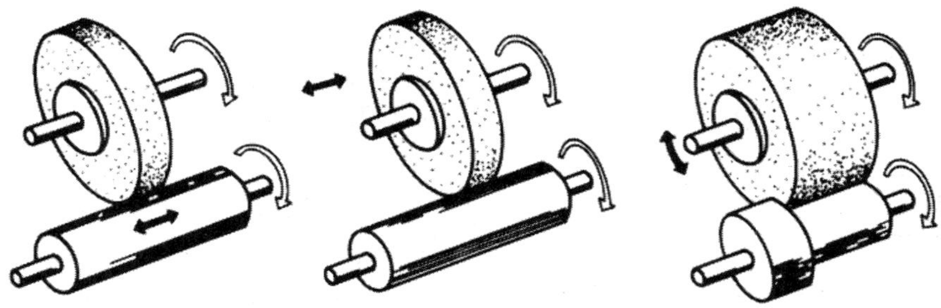

[원통 연삭]

② 내면 연삭기 : 내면 연삭 방식은 원통의 실린더형 공작물을 회전시키고 공작물은 그 자리에서만 회전하는 형의 보통형과 공작물은 정지하고 숫돌이 회전하면서 공작물의 내면이나 외면을 따라 공전하는 방식의 유성형, 특수한 연삭기를 사용하여 일감을 고정하지 않은 상태에서 연삭하는 방식의 센터리스형이 있다.

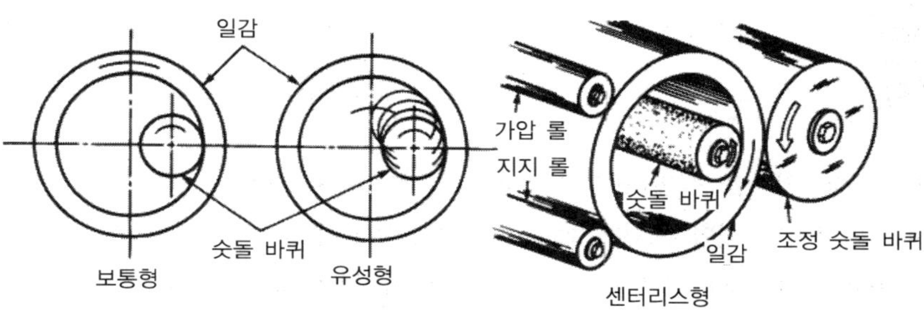

[내면 연삭]

③ 평면 연삭기 : 수평형 연삭기, 직립형 연삭기가 있다.

④ 센터리스 연삭기(centerless grinding machine) : 공작물을 센터로 지지하지 않고 연삭 숫돌과 조정 숫돌 사이에 일감을 삽입하고 지지판으로 지지하면서 연삭하는 기계로 조정

숫돌은 고무 결합제를 사용한 것으로 공작물과 조정 숫돌의 마찰력에 의해 공작물을 회전시키고 조정 숫돌의 일감에 대한 압력으로써 일감의 회전 속도를 조정한다.

⑤ 공구 연삭기 : 드릴 연삭기, 초경공구 연삭기(다이아몬드 숫돌 사용), 만능공구 연삭기(밀링 커터, 호브, 리머) 등이 있다.

⑥ 그 밖의 연삭기 : 나사 연삭기(나사 게이지, 탭, 정밀 나사), 기어 연삭기 등이 있다.

2.3) 숫돌의 관리

2.3.1) 드레싱 (dressing)

숫돌바퀴의 입자가 막히거나 달아서 절삭도가 둔해졌을 경우, 드레서(dresser)라는 날내기 공구로 숫돌 바퀴의 표면을 깎아 숫돌바퀴의 날을 세우는 작업으로 정밀 연삭용에는 다이아몬드 드레서를 사용한다.

2.3.2) 트루잉 (truing)

숫돌바퀴의 형상을 수정하는 작업으로 연삭중에 숫돌차의 숫돌 입자가 탈락하여 절삭면의 형상이 처음과 달라졌을 경우 다이아몬드 드레서를 사용하여 원상으로 고쳐주는 작업을 말한다.

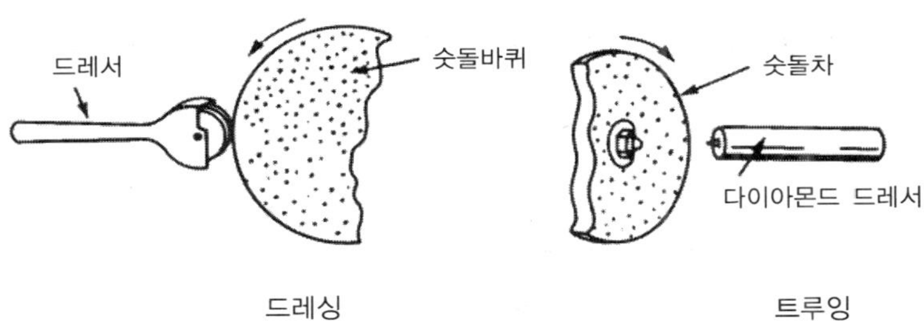

[연삭 숫돌 관리: 드레싱, 트루잉]

4.4.6 정밀 입자 가공

1) 호닝 (honing)

몇 개의 호운(hone)이라는 숫돌을 붙인 회전 공구를 사용하여 숫돌에 압력을 가하면서 공작물에 대하여 회전 운동을 시키면서 많은 양의 연삭액을 공급하여 가공하는 것

발열이 적고 경제적인 정밀 절삭을 할 수 있다.

직선도, 테이퍼, 전직도를 바로 잡을 수 있고, 표면 정밀도를 높여, 치수 가공 정도를 높일 수 있다.

2) 래핑 (lapping)

공작물과 랩공구 사이에 미분말 상태의 래핑제와 연마제를 넣고 이들 사이에 상대 운동을 시켜 면을 매끈하게 하는 방법

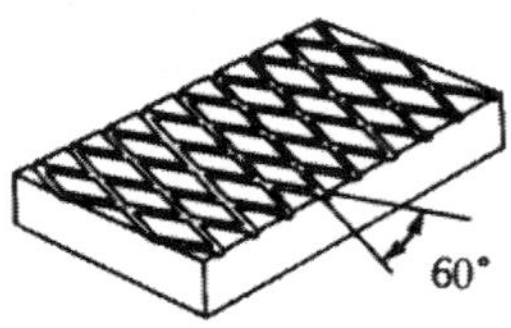

[평면 랩]

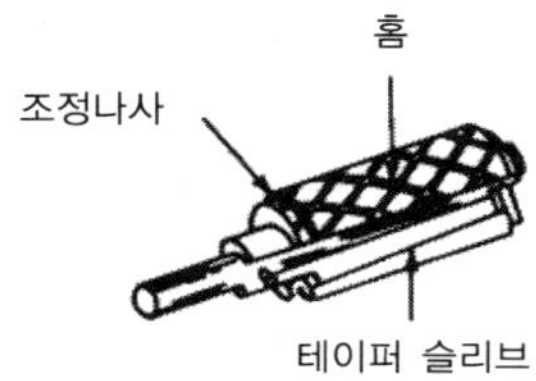

[구멍용 랩]

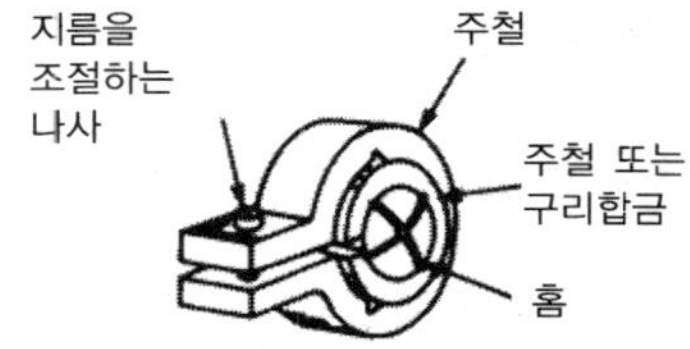

[축용 랩]

[래핑]

3) 슈퍼 피니싱 (정밀 다듬질, super finishing)

공작물 표면에 입자가 고운 숫돌을 가벼운 압력(0.5 ~ 2 kg/㎠)으로 누르고 작은 진폭으로 진동을 시키면서 공작물에 이송 운동을 줌으로서 그 표면을 다듬질하는 방법

가공면이 매끈하고 방향성이 없으며 가공에 의한 표면의 변질부는 극히 작고, 숫돌과 일감의 접촉 면적이 넓으므로 연삭 가공에서 남은 이송자리, 숫돌의 떨림으로 나타난 자리를 제거할 수 있다.

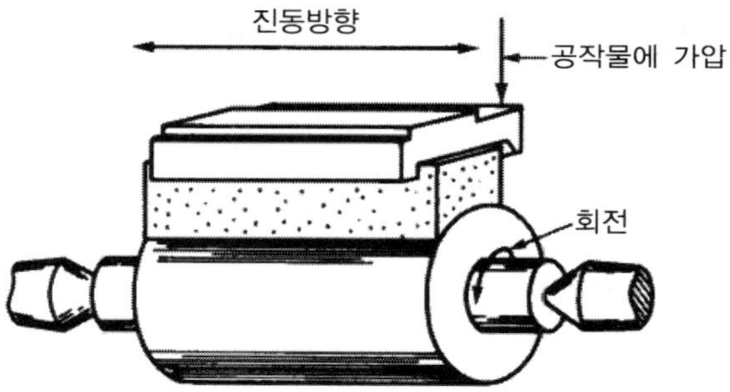

[슈퍼 피니싱]

4) 액체 호닝 (liquid honing)

연마제를 첨가한 물 또는 그에 적당한 부식 억제제를 첨가한 것을 노즐을 통해 고속으로 금속 제품이나 재료에 뿜어서 깨끗한 표면으로 연마하는 것으로 짧은 시간에 매끈하고 광택이 있는 다듬면을 얻을 수 있다.

복잡한 모양의 공작물 표면 다듬질이 가능하며, 공작물 표면의 산화막이나 도료 등을 제거할 수 있는 특징이 있다.

① 연마제로는 SiC, Al O, 규사 등의 가루를 사용하며, 가공액은 물에 방청제를 첨가하여 사용한다.

② 공기 압력은 3.5 ~ 7.0 kg/㎠이며 높을수록 능률이 좋고 분사각은 철강일 경우 40 ~ 50° 정도이고 클수록 거칠어진다.

4.5 비절삭 가공

4.5.1 주조 (casting)

주조(casting)는 금속을 가열해서 융해한 뒤, 금속이나 모래 등으로 만든 틀인 주형(mold)에 융해된 금속물(쇳물)을 주입(pouring)하여 쇳물을 서서히 냉각하여, 응고시키는 기계가공법이다.

주조는 먼저 금속을 고온 가열 용해하여 쇳물을 만든 후, 이를 만들고자하는 형상을 가진 주형(형틀)에 부어 주물을 만든다.

주조(casting)는 가열하여 용해된 액체를 틀에 부어 물건을 만드는 작업 방법을 말하며, 쇳물을 부을 틀을 주형(mold)이라 하며, 만들어진 물건을 주물(casting)이라 한다.

주물 예 : 자동차의 엔진, 배관, pump의 몸체각종 기계류, 차량 등의 몸체 및 부품

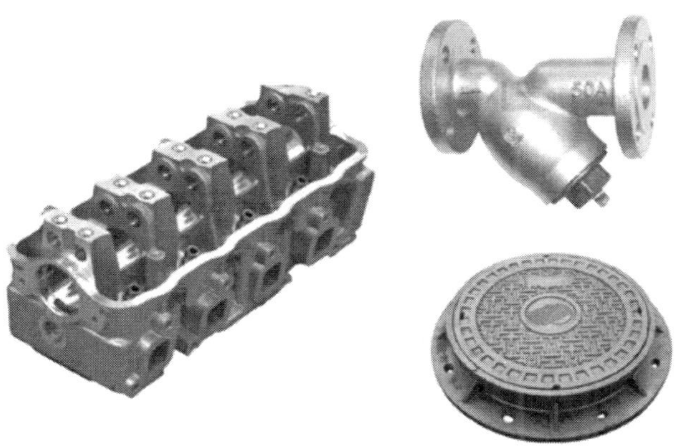

[주물 제작품: 엔진블록, 배관, 멘홀]

[물 제작품: 상평통보(조신시대 엽전)]

[주조공정 (용광로, 주물 주출)]

주조는 빈 공간(내부 공기층, 중공부)이 존재하거나, 금속 가공이 어려운 형상이 복잡한 기계 구조물도 주형에 주입하여 제작할 수 있다.

사용되는 재료는 주철, 동합금, 알루미늄(aluminium), 플라스틱(plastics), 세라믹(ceramics) 등이 있다.

쇳물을 부을 틀이 되는 주형을 제작하기 위해서는 우선 제작하고자 하는 제품과 동일한 형상을 가진 모형이 필요하다.

모형(pattern)은 나무로 만든 목형과 금속으로 만든 금형이 있으며 모래, 점토를 이용한 주형사(molding sand)로 된 사형(sand mold)과 금속제인 금형(metal mold)이 있다.

주조는 금속(철, 알루미늄, 합금, 구리, 황동 등)을 녹여 쇳물을 만들어 형(틀, 거푸집)에 부어 서서히 냉각하며 제품을 만드는 기계가공법이다.

주조는 쇳물을 이용하기 때문에 금속을 두드려서 만드는 단조에 비해 세밀하고, 입체적인 형상을 만들기 쉽고, 세공품이나 엔진 블록 등의 복잡한 형상의 제작에 많이 사용된다.

주조로 만들어진 철제품의 경우 탄소 함량이 높고 인성이 낮은 주철을 주로 사용한다. 이 경우 인성 및 전연성이 떨어지는 단점이 있다.

이 단점을 보완하기 위해 주철이 아닌 주강을 주조하여 열처리로 조직을 제어하여 단점을 보완하기도 한다.

주조에 사용되는 모형(pattern)은 주형사를 다져서 주물의 형태와 같은 공간을 만드는 데 사용 되며 목재, 금속, 플라스틱(plastics), 왁스(wax) 등이 많이 이용된다.

주조 모형은 반복하여 사용되기 때문에 마모되어 형태와 크기가 변할 수 있고 모형재료, 모형제작, 주형제작 등에서 생산성과 경제성을 함께 검토하여 재료를 선택 후 제작하게 된다.

주형에 주입된 용융 금속(용금, 쇳물)은 응고 과정(서서히 식어 고체가 되는 과정) 및 응고 후 수축, 팽창 등이 동반되어 완성 제품의 치수와 정밀도를 만족하지 못하는 경우가 있으며 이 경우 주조 제품에 추가적인 절삭 가공으로 치수와 정밀도를 보완한다.

이에 주조 제품 설계 시 주조 제작 수축여유(shrinkage allowance)와 가공여유(machining allowance)를 포함하여 실 제품보다 보다 크게 만드는 경우도 있다.

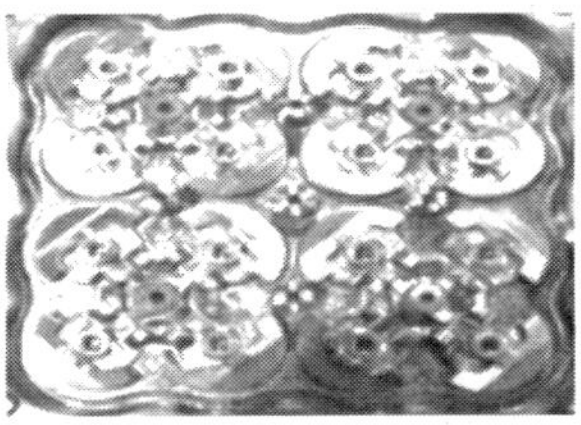
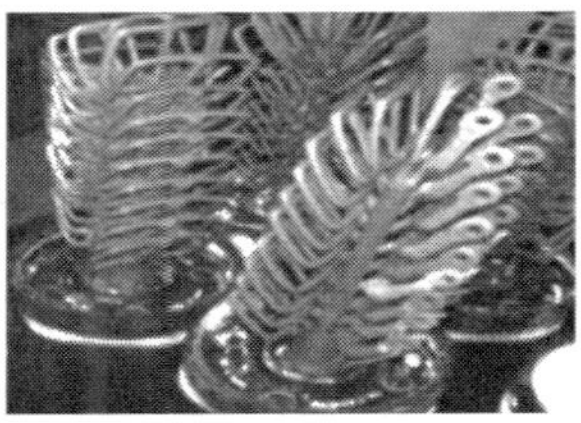

[목형, 철형(금형), 왁스]

1) 사형(모래) 주조

사형(모래)을 사용하여 주조하는 방법으로 가장 일반적인 주조방법으로, 대부분의 용융 금속(쇳물)으로 주조가 가능하며, 크기 및 모양에 제한이 없으며 비용이 타 주조 방법 대비 저렴하다.

사형 주조는 모래로 주형틀을 만들기 때문에 사형(모래)의 표면 거칠기가 주조품에 반영되어 제작됨으로 제품 완성도 및 필요에 따라 마무리 공정(절삭 가공, 수가공)이 필요하다.

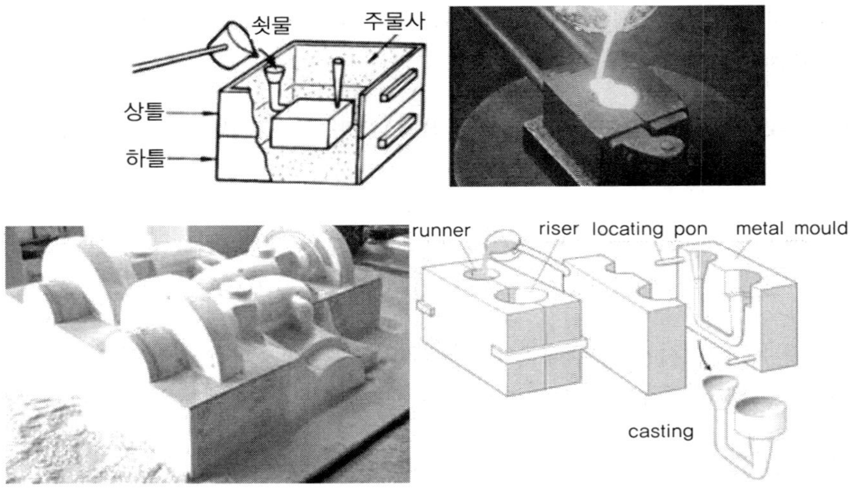

[사형주조]

2) 셀 주조(Shell Molding)

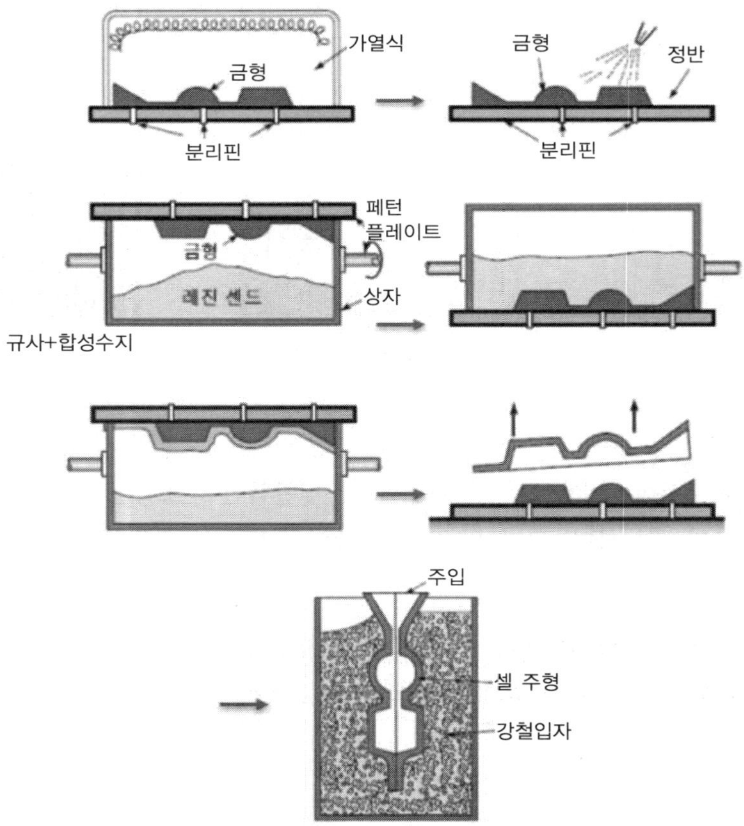

[셀 주조]

주조품의 치수 정도가 좋고 표면이 매끄러운 주조 제품을 제작하는 방식으로 금형을 250~300° 정도로 가열하고, 그 위에 이형제를 바르고 수지점결제와 규사(모래, SiO2)를 배합한 합성모래를 덮으면 5~7 ㎜정도의 피막인 셀(Shell)이 만들어지며 이것을 떼어내서 셀(Shell) 형태의 주형을 만드는 방법이다.

3) 인베스트먼트 주조 (Investment Casting)

제작하고자 하는 주물 제품과 동일한 모형을 왁스나 플라스틱으로 제작한 다음 주형재 속에 넣고 가열한다.

가열한 주형재를 경화는 동시에 왁스, 플라스틱을 녹여 주형 형상을 완성하는 주조 방법이다.

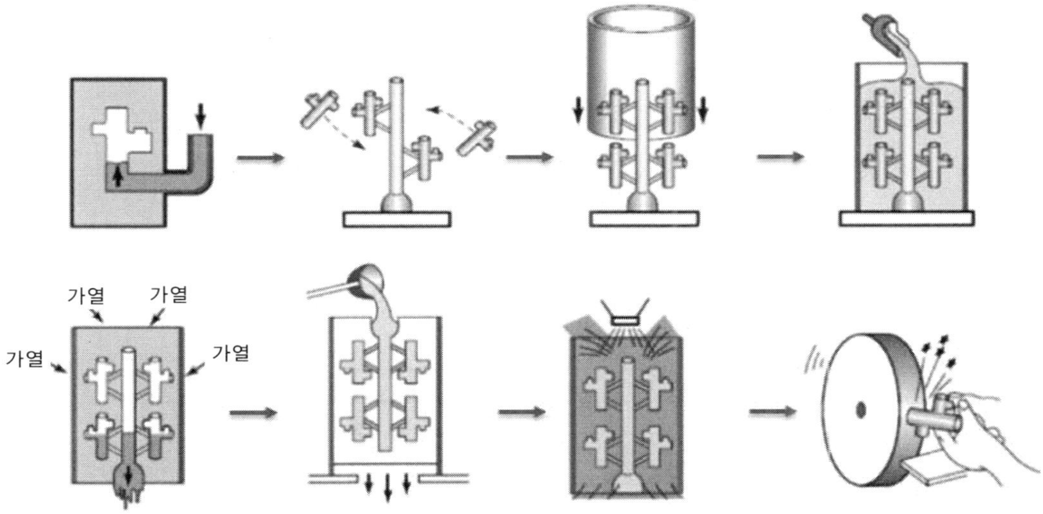

[인베스트먼트 주조]

- 주조 공정 주의사항
  - 수축 여유 : 수축량 만큼 크게 만든다.
  - 가공 여유 : 가공시 절삭 치수 감소량 만큼 크게 만든다.
  - 목형 구배 : 목형을 주형에서 뽑을 때 측면 경사각을 준다.
  - 라운딩 : 재질이 약해지는 것을 방지하기 위해 모서리를 라운딩 형상으로 만든다.
  - 덧붙임 : 주물 냉각시 내부 응력에 으한 변형을 방지하기 위해 제품 살을 붙인다.

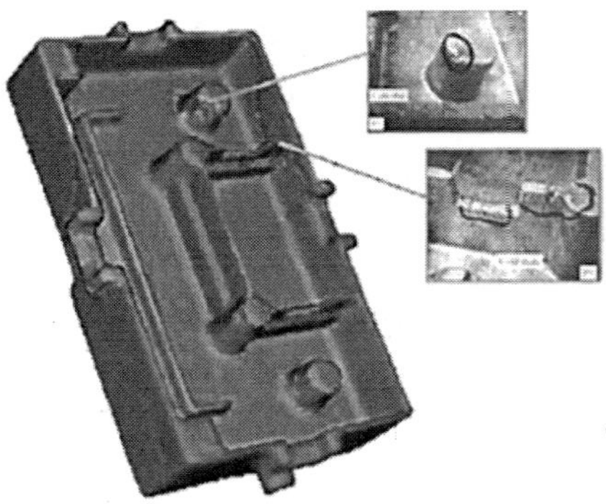

[주물 형상]

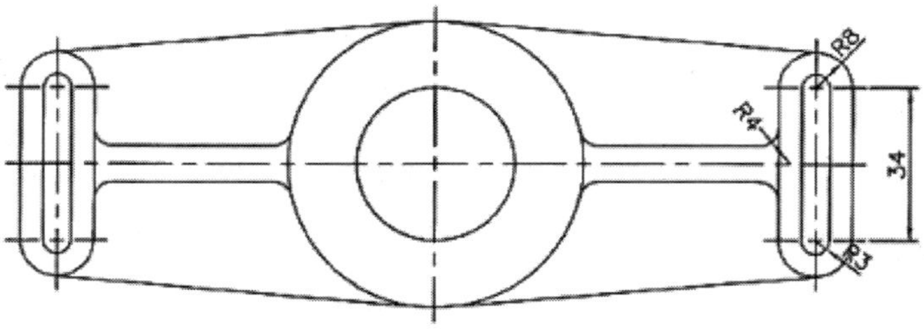

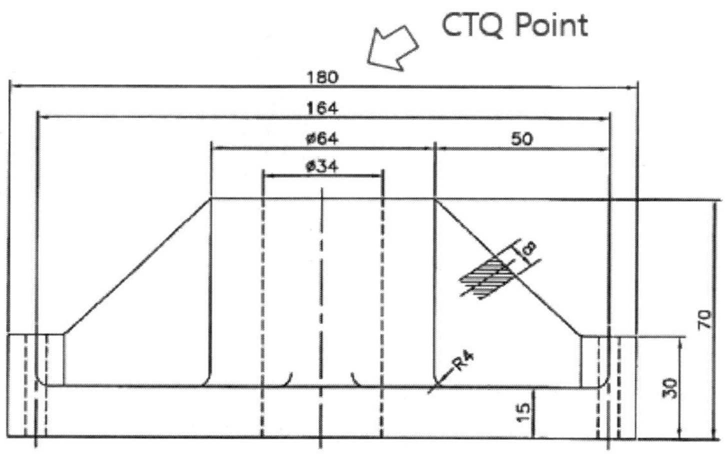

[배관 주조 도면 CTQ]

- CTQ : Critical To Quality

  주요 품질 특성으로 고객 요구 혹은 사업 목적에 직결된 중요 관리 치수

4.5.2 단조

단조는 청동과 구리를 사용하다가 온도 조절과 철을 제련 과정이 개발되면서 오랜 시간 동안 대장장이에 의해 수행된 기계가공방법이다.

금속을 두드려 제품을 제작하는 단조는 금속에 압력을 가하여 금속의 결정립을 미세화 시키고, 금속 조직을 균일화 시켜 원하는 제품의 형상으로 성형하는 비절삭 기계가공법이다.

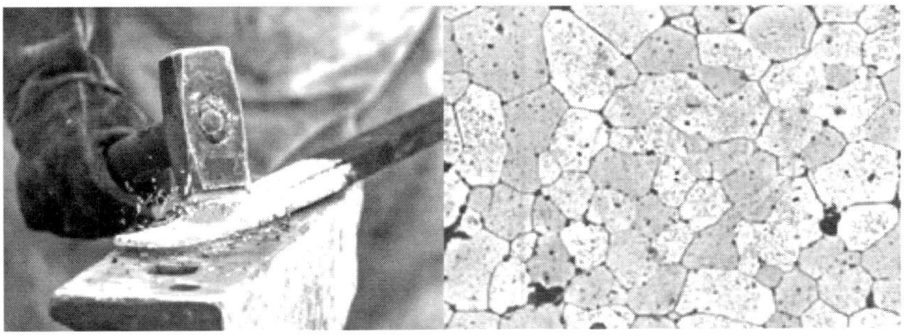

[단조와 금속 조직 예시]

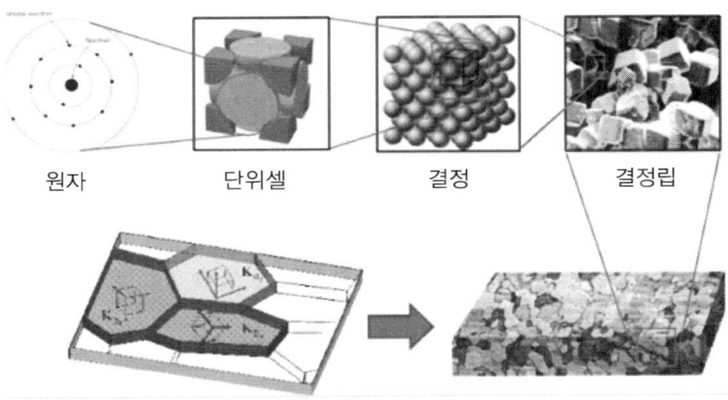

[금속 조직 (결정, 결절립)]

1) 단조의 종류와 단조 절차

단조는 크게 특별히 금형을 사용하지 않는 자유단조와 금형을 사용하는 형단조로 나누어진다.

① 자유 단조 : 개방형 형틀(받침대)을 사용하여 가열된 소재를 해머나, 망치등으로 두드리며 (타격) 변형 시켜 원하는 형상을 만드는 기계가공법을 말한다.

[자유 단조]

② 형 단조 : 제품의 모양을 반대로한 금형 사이에 금속 재료를 넣고 가압하여 성형시키는 기계가공법이다.

형 단조는 복잡한 형상을 가진 제품을 비교적 값싸게 대량 생산할 수 있는 장점이 있으나 형틀(금형)제작시 가격이 비싸다는 단점이 있다.

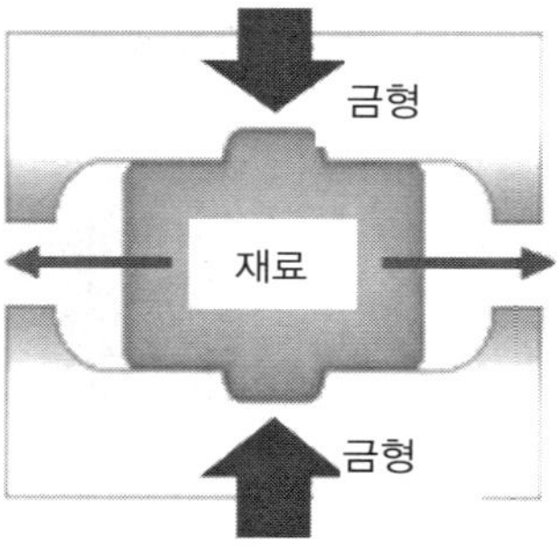

[형 단조]

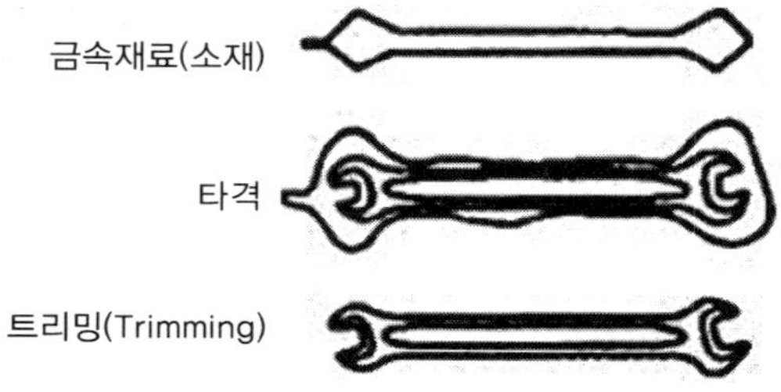

[단조 공정 (소재 → 타격 → 트리밍) 예시]

③ 업셋 단조 : 가열된 재료를 수평으로 형틀에 고정하고, 한 쪽 끝을 돌출시킨 후, 돌출부를 축 방향으로 공구(해머, 망치, 금형)로 타격을 주어 원하는 형상으로 성형시키는 기계가

공방법이다.

- 콜드 헤딩 : 볼트, 리벳의 머리 제작에 이용한다.
- 코닝 : 프레스로 매끈한 표면과 정밀한 치수를 얻으려고 할 때 사용한다.

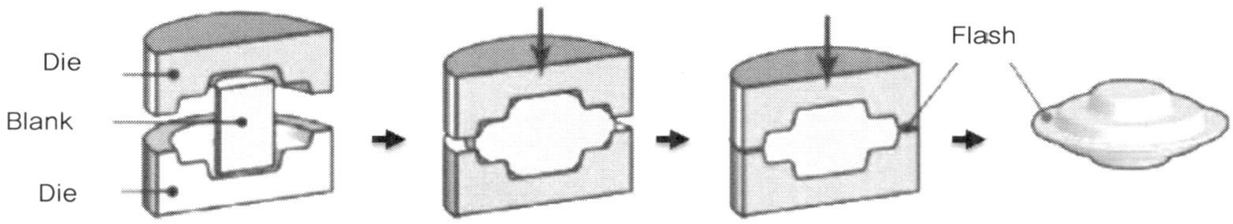

[단조 공정]

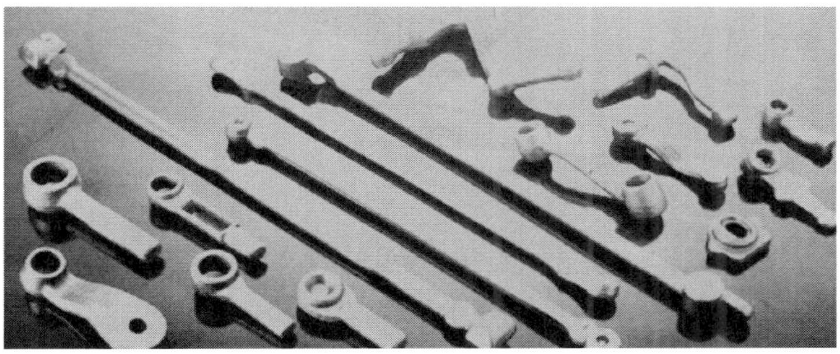

[단조 공정에 의한 제품들]

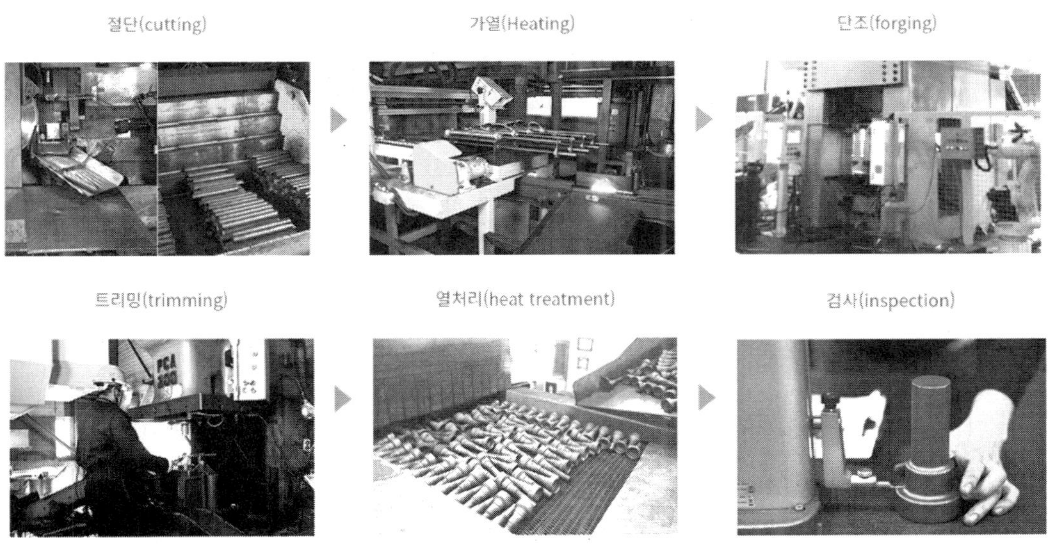

[단조 제품 생산 공정]

2) 단조용 공구 및 기계

① 단조용 공구

앤빌(anvil) : 연강으로 만든 후 표면에 경강으로 단접한 것이 주로 사용되고 있으며 주강으로 제작된다. 앤빌의 크기는 중량으로 표시하며 보통 130 ~ 150 kg이다.

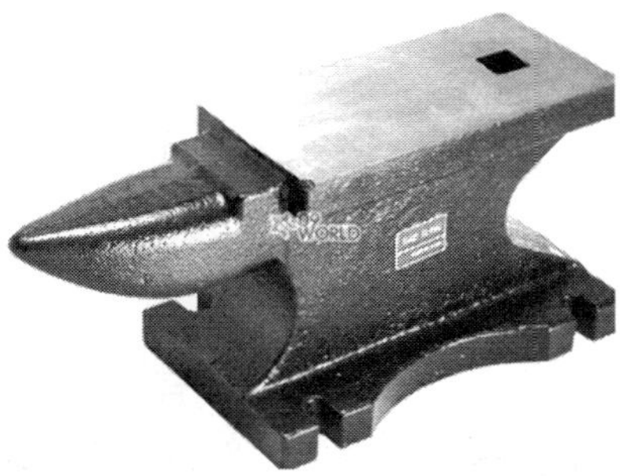

[앤빌]

(출처 : kbc09.co.kr (대성 앤빌 50 kg))

정반 : 두꺼운 철판 또는 주물로 만들며, 앤빌의 대용으로 주로 사용된다.

[정반]

(출처 : ivic.co.kr (아이빅 정반))

해머(hammer) : 재료에 타격을 가하는 공구로 무게로 규격을 표시한다.

② 단조용 기계

단조 해머(Forging hammer) : 해머는 위치에너지를 운동에너지로 변환하여 가공물에 순간적으로 타격력을 작용시키는 기계를 말한다.

프레스(press) : 해머와 같이 타격을 가하지 않고 저속으로 압력을 가하므로 해머에 비해 작용 압력이 내부까지 잘 전달되며, 에너지 손실이 적으며, 소음이 적다.

[기계해머단조]

(출처 : https://kr.made-in-china.com)

[프레스 단조]

(출처 : http://www.jinacom.com)

3) 단조 작업

- 늘이기 (drawing) : 굵은 재료를 축과 직각방향으로 타격하여 단면을 좁히고, 길이를 늘이는 작업이다.
- 굽히기 (bending) : 재료를 둥글게 구부리거나 작은 반경으로 구부리는 작업이다.
- 눌러 붙이기 (업셋팅, up-setting) : 재료를 축방향으로 압축하여 길이를 짧게 하고 단면적을 크게 하여 길이를 줄이는 작업이다.
- 단짓기(setting down) : 어느 선을 경계로 하여 한 쪽만 압력을 가하여 가늘게 하는 작업이다.

· 구멍 뚫기 (punching) : 펀치를 때려 박아 구멍을 뚫거나 넓히는 작업이다.

· 절단 (cutting off) : 절단용 정으로 주위를 때려 절단하는 작업이다.

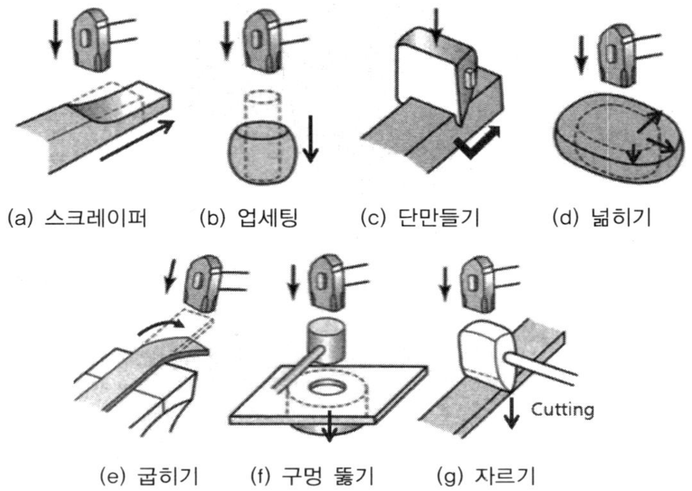

[단조 작업]

4) 단조 가공의 영향

절삭가공품은 원재료에서 재료표면을 절삭함으로 재료가 가지고 있는 조직의 변화는 없는 반면 단조품은 재료를 가압하여 형성을 얻기 때문에 재료의 조직을 미세화, 균일화하여 연속적인 재료 조직을 가지게 하여 강한 기계적 성질을 얻을 수 있다.

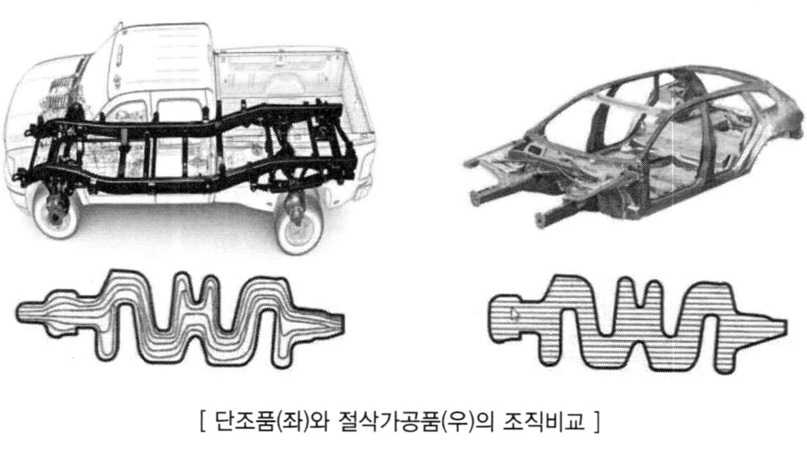

[단조품(좌)와 절삭가공품(우)의 조직비교]

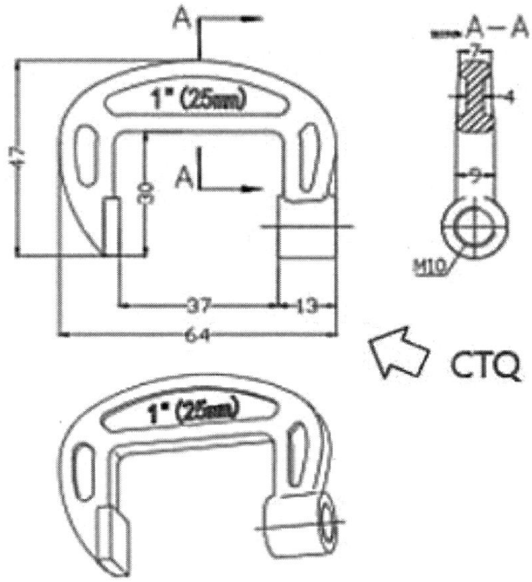

[CLAMP 단조 제품 도면의 CTQ]

4.5.3 압연(Rolling) 가공

상온 또는 고온에서 회전하는 롤러 사이에 재료를 통과시켜 그 재료의 소성변형을 이용하여 강철, 구리합금, 알루미늄 합금 등의 각종 판재, 봉재 및 단면재 등을 가공하기 위한 방법으로 룰러가 연속적으로 압력을 가하며 성형하는 기계가공법을 말한다.

룰러 사이에 재료를 통과시켜 형상을 성형하는 압연은 크게 냉간압연과 열간압연 방식으로 나누어진다.

일반적으로 상온에서 압연하는 냉간압연은 두께 6 ㎜이하의 박판을 성형할 때 고온에서 가열 후 압연하는 열간압연은 분괴를 압연할 때 주로 사용되는 가공 공정이다.

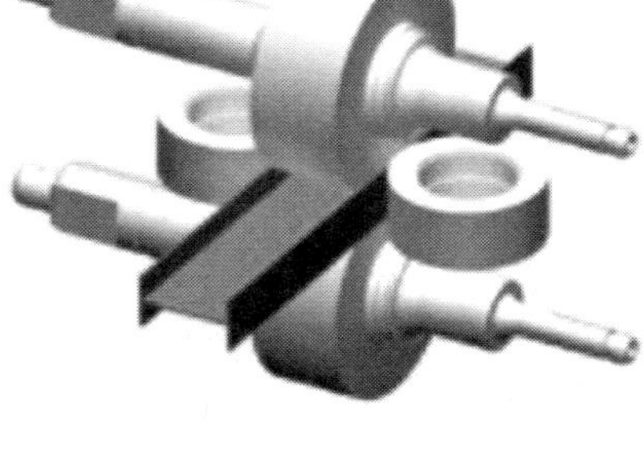

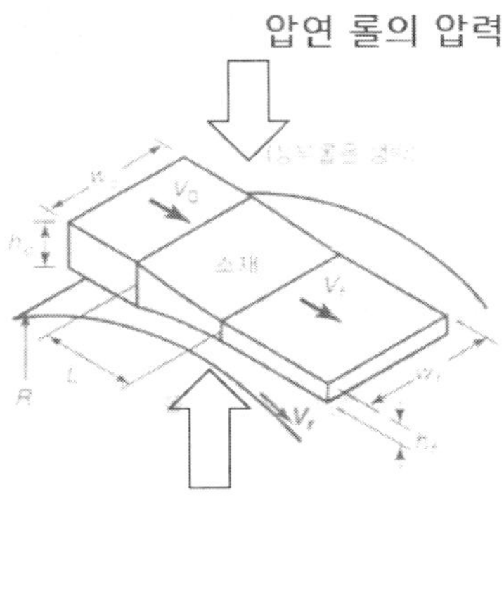

[압연]

1) 열간압연

① 압연 재료의 재결정 온도 이상에서 작업하는 것으로 주로 박판에 이용한다.

② 재료의 가소성이 크므로 압연 가공에 대한 소비 동력이 적다.

③ 많은 양의 가공 변형을 쉽게 할 수 있고, 단조물과 같은 좋은 성질을 가진 재질이 된다.

④ 열간 압연 재료는 재질에 방향성이 생기지 않는다.

⑤ 압하율을 크게 할 수 있다.

⑥ 가공 시간이 적다.

[열간압연]

2) 냉간압연

① 압연 재료의 재결정 온도 이하에서 작업한다.

② 정밀한 완성 가공 재료를 얻을 수 있다.

③ 냉간 압연판은 조직에 방향성이 생긴다.

④ 내부 응력이 커지며 가공 경화에 의한 취성이 증가한다.

⑤ 압연 후 흠집이 적으며 표면이 깨끗해진다.

⑥ 박판용으로 0.1 mm이하의 것도 가공이 가능하다.

[냉간압연]

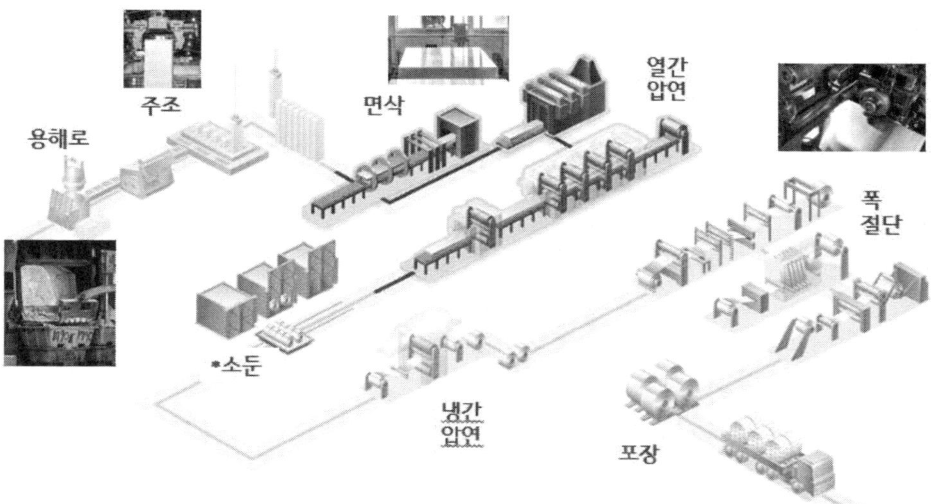

[알루미늄 압연 공정 예시]

• 소둔 : 압연 후 가공경화된 재료의 가공 변형을 제거하기 위해 적정 온도로 가열하는 것을 소둔이라 한다.

4.5.4 압출 (Extruison)

소성이 큰 재료를 금형(다이)뒤 컨테이너에 넣고 뒤에서 압력을 가하여 금형(다이)의 구멍을 통해 밀어내어 길이가 긴 형상의 소재를 만드는 방법을 압출이라 한다.

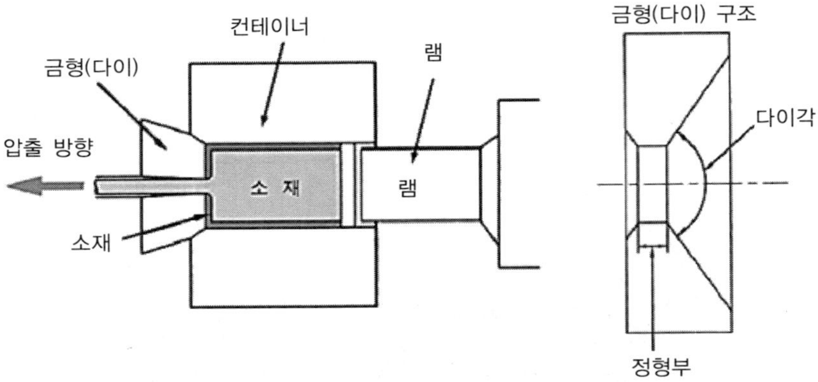

[압출 금형 구조]

1) 압출 가공

알루미늄, 아연, 구리 합금 등의 각종 형상의 단면재, 파이프 및 선재 등을 제작할 때 소성이 큰 재료에 강력한 압력으로 다이(금형)를 통과시켜 가공하는 방법이다.

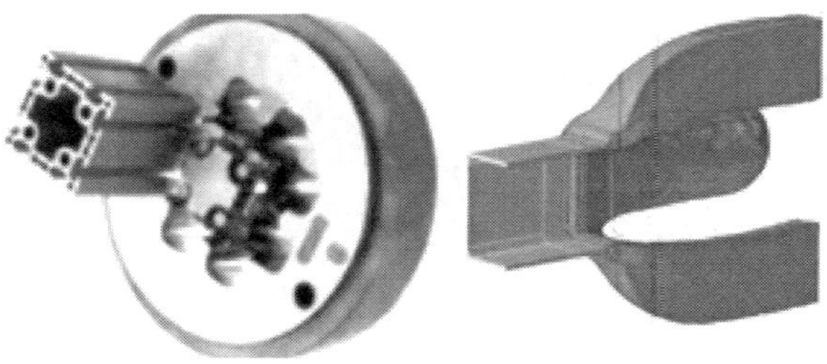

[압출]

2) 압출 가공의 용도

압출은 열간 압연이 곤란한 판이나 이형단면재의 가공이나, 케이블에 연관을 씌워 연피복 케이블 제작 등에 주로 사용된다.

3) 압축 가공의 분류

① 직접 압출(전방 압출) : 램의 진행 방향과 압출재의 유동 방향이 같은 경우로 역시 압출보다 소비동력이 크며 가공 하중은 1000 ~ 8000 ton 정도이다.

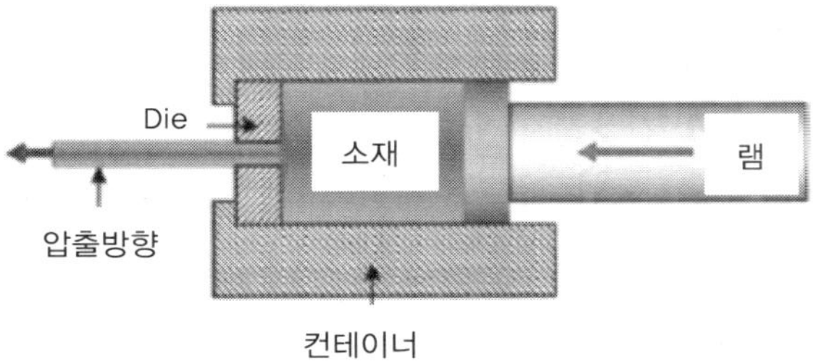

[전방 압출]

② 역식 압출(후방 압출) : 램의 진행 방향과 압출재의 유동 방향이 다른 경우로 컨테이너에 남아 있는 재료가 직접 압출에 비하여 적고, 압출 마찰이 적으나 제품 표면에 스케일(scale)이 부착하기 쉽다.

※ 스케일(scale) : 때, 물 때, 주조 작업에서 쇳물에 생기는 기포, 가스 등의 혼합물

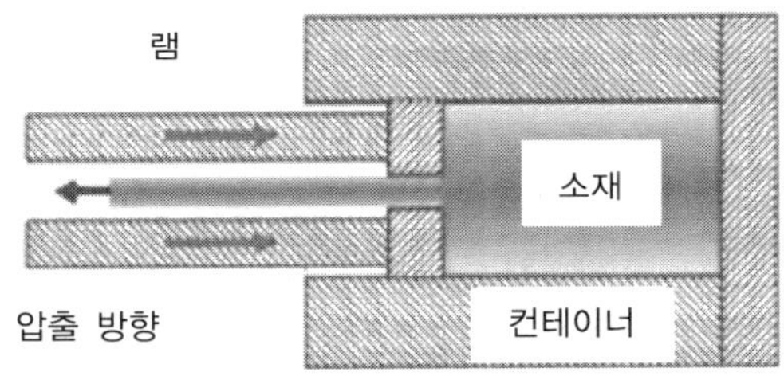

[후방 압출]

③ 충격 압출(impact extrusion) : Zn, Pb, Sn, Al, Cu와 같은 연질 금속을 다이에 놓고 펀치에 충격을 가하여 치약 튜브, 약품용기, 건전지 케이스 등을 제작하는 방법이다.

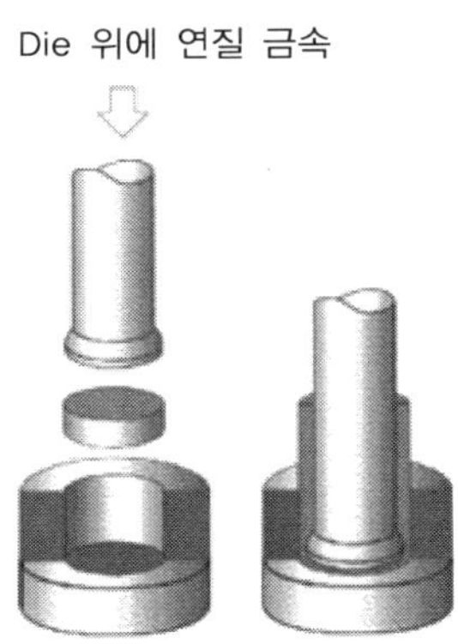

[충격 압출]

4.5.5 인발 (Drawing)

소재를 외부에서 잡아당기며 기울기가 있는(테이퍼) 구멍을 가진 금형(다이, Die)을 통과시켜 금형(다이, Die) 구멍의 최소 단면 치수로 가늘고 긴 제품을 가공하는 방법을 인발 가공이라 한다.

인발 가공은 소재에 인장력을 작용시켜 가공하는 방법으로 주로 선재(wire)를 가공할 때 많이 사용된다.

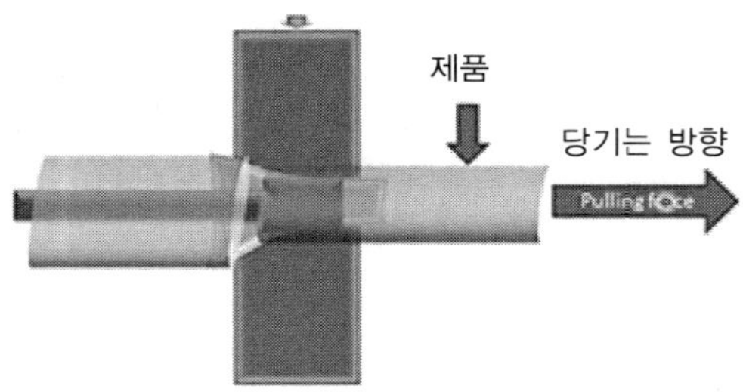

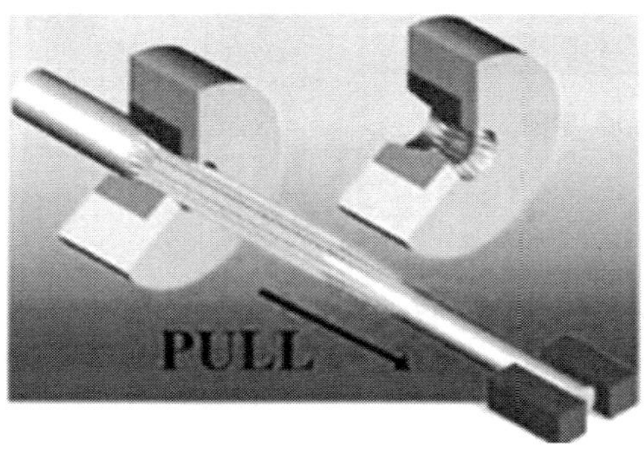

[인발]

① 봉재 인발 : 봉 및 단면재로 인발하는 것이다.

② 관재 인발 : 금형(다이)을 통과하는 동안 파이프 내면에 소정 치수의 심봉(mandrel)을 삽입하여 제작하여 긴 관을 인발하는 것이다.

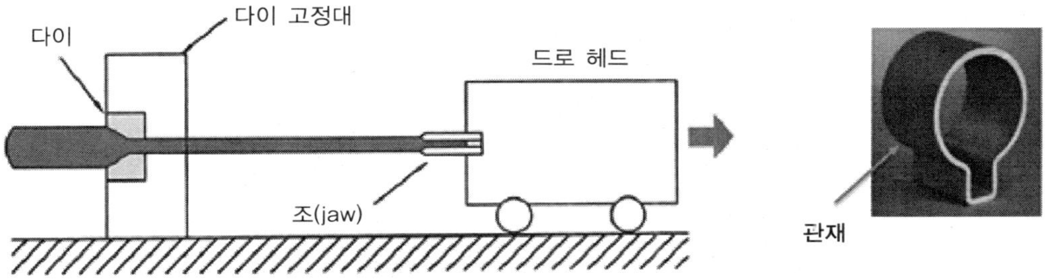

[관재 인발]

③ 선재 인발 : 5 ㎜ 이하의 가는 선재(wire)를 인발하는 것이다.

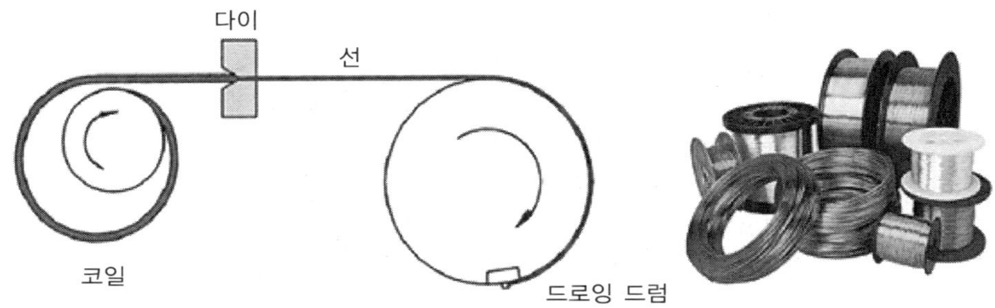

[선재 인발]

④ Deep drawing : 판재를 사용하여 각종 소총탄환, 탄피, 알루미늄, 주전자, 들통 등을 인발하는 것이다.

4.5.6 프레스

철판을 사용하여 누르는 힘을 이용하여 철판을 접거나, 구멍 혹은 자르고 늘리는 등의 작업으로 장비에 금형을 결합하여 프레스의 힘으로 가공하는 방법을 프레스를 이용한 가공법이라 한다.

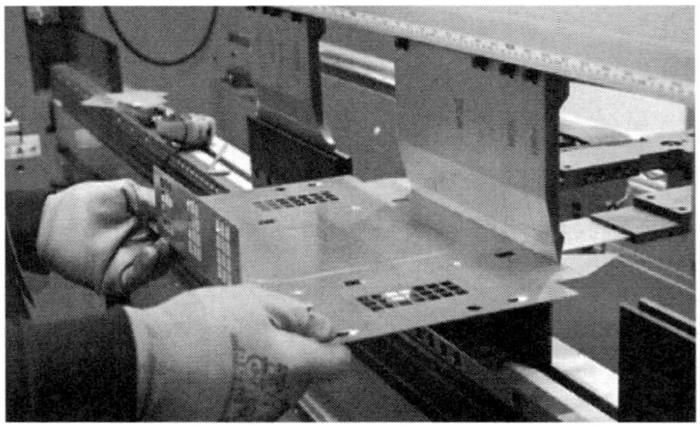

[프레스 작업]

[프레스 가공 제품 예시]

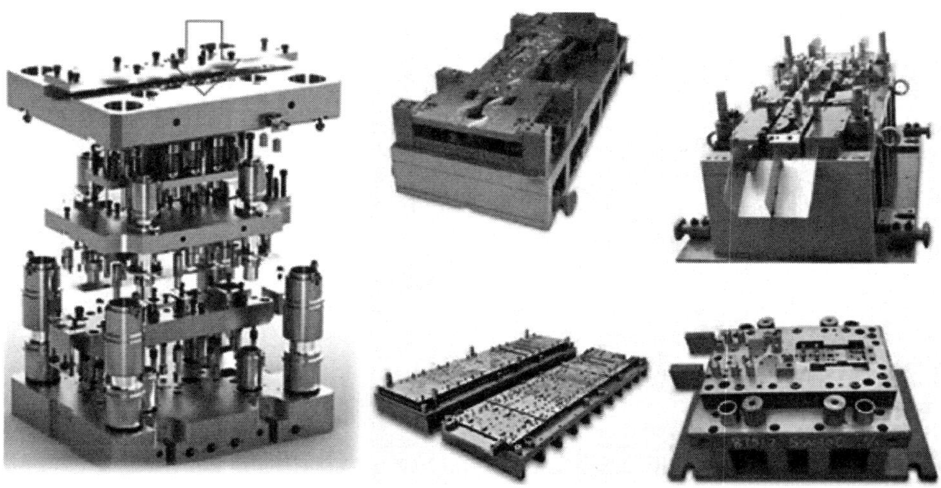

[프레스 금형]

1) 전단 가공

① 블랭킹 (blanking) : 금형 펀치로 판재를 눌러 뽑는 작업을 블랭킹이라 하며 판재로 뽑은 제품을 브랭크(Blank, 제품으로 사용될 부분)라 하고 남은 부분을 스크랩(scrap, 버릴 부분)이라 한다.

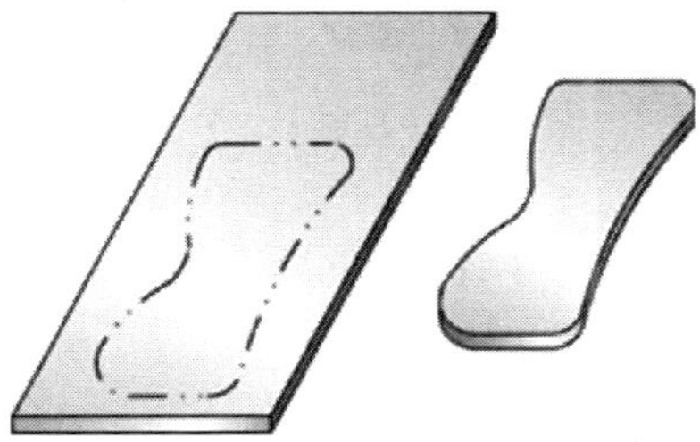

[블로킹]

② 펀칭 (punching) : 금형으로 판재를 눌러 뽑는 경우 누르는 금형 부분을 펀칭이라 한다.

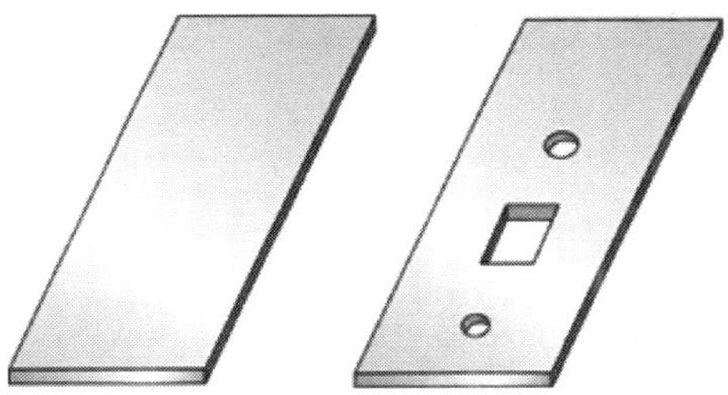

[펀칭]

③ 전단 (shearing) : 금형을 이용해 소재를 원하는 모양으로 잘라내는 것을 말한다.

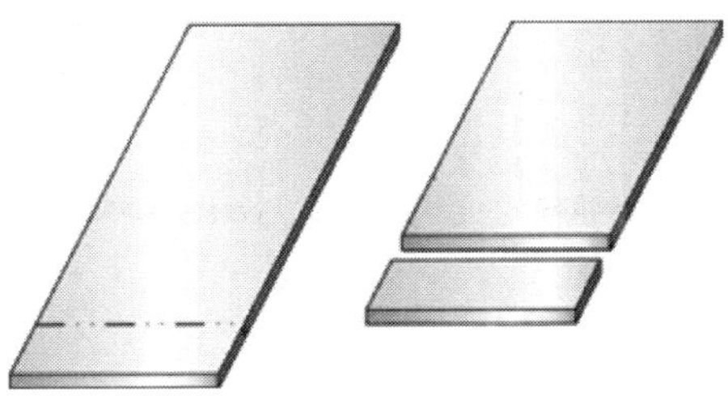

[절단]

④ 분단(parting) : 금형을 이용해 판(제품)을 분리하는 과정을 말한다(tching). : 소재의 한

쪽 끝에서 다른 쪽 끝까지 직선 또는 곡선상으로 절단하는 것을 노칭이라한다.

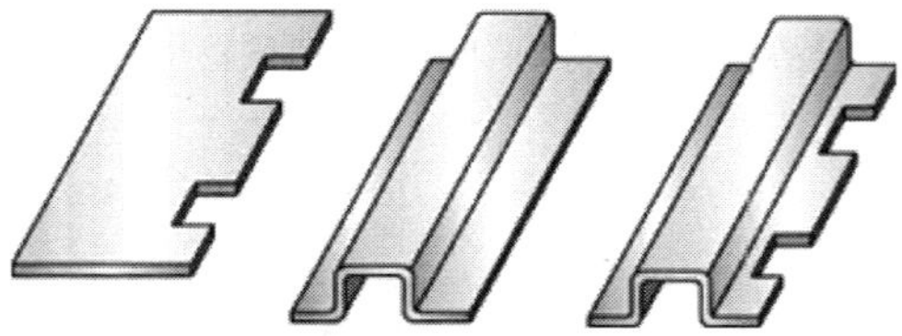

[노칭]

⑥ 트리밍(trimming) : 펀치(Punch)와 금형(die)로써 drawing제품의 flange를 소정의 형상과 치수에 맞게 잘라내는 것을 말한다.

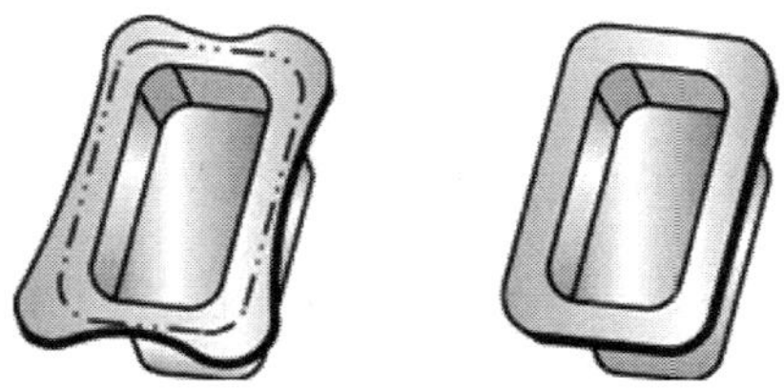

[트리밍]

2) 굽힘 가공

① 비딩(beading) : 드로잉된 용기에 홈을 내는 가공을 말한다.

② 컬링(curling) : 용기의 가장자리를 둥글게 말아 붙이는 가공을 말한다.

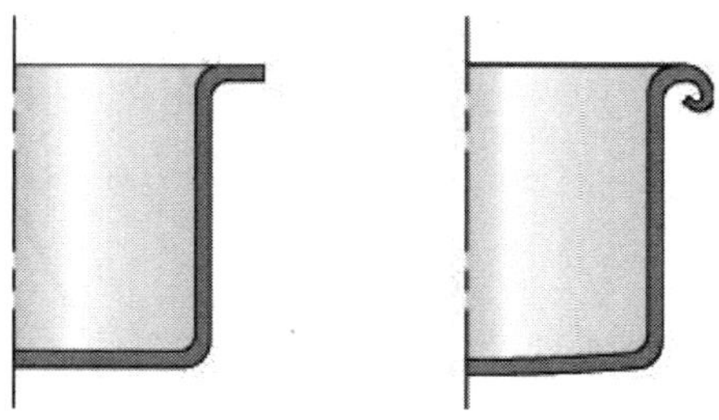

[컬링]

4.5.7 용접

용접하고자 하는 부분, 2개의 금속을 반용융 상태나 용융 상태로 상온에서 압력을 가하여 접합하는 이음방법을 말한다.

용접은 리벳이음과 비교했을 때 재료 및 공정수를 절감할 수 있을 뿐 만 아니라, 접합 효율과 보수가 용이하며 설비비가 저렴한 장점이 있다.

단, 열에 의한 재질의 변화가 쉽고, 용접 균열 및 용접에 따른 수축과 잔류 응력이 발생하여 품질 검사가 어려워 숙련된 기술자가 필요한 단점도 있다.

접합할 금속사이에 가열된 다른 금속을 넣고 결합시키는 방법과 플라스틱, 세라믹 등 비금속의 접합도 크게 용접에 포함된다.

용접은 가열법에 따라 여러 가지로 분류되며 사용하는 열원은 가스, 아크, 전기, 저항열, 마찰열 등이 있다.

또한 가스는 산소-아세틸렌가스, 아크는 아크, 탄소 아크 등이 주로 사용된다.

[용접 모습]

1) 용접 종류

① 용접 (fusion welding)

: 접합하고자 하는 물체의 접합부를 가열 용융시켜 제 3의 금속(용가재, 금속)을 이용하여 국부적으로 접합하는 방법이다.

- 가스용접 (산소 + 아세틸렌용접, 공기 + 아세틸렌용접, 산소 + 수소용접)
- 아크용접 (피복 아크, 이산화탄소 아크, 서브머지드 아크, 불활성 가스 아크, 원자 수소 용접)
- 테르밋용접

② 압접 (pressure welding, smith welding)

: 접합부를 냉간 상태 또는 적당한 온도를 가열한 후 기계적 압력으로 접합하는 방법이다.

- 전기 저항용접 (점용접, 심용접, 프로젝션용접, 맞대기 용접)
- 가스 용접

③ 납땜 (soldering)

: 모재를 용융시키지 않고 별도로 용융 금속을 접합부에 넣어 용융 접합하는 방법이다.

- 연 납땜 (450° 이하에서 녹는 납을 사용하여 접합시키는 납땜)
- 경 납땜 (450° 이상에서 녹는 납을 사용하여 접합시키는 납땜)

2) 피복 아크(Arc) 용접

피복재를 입힌 용접봉과 모재 사이의 전기 아크열을 이용하여 용접하는 방법이다

① 용접봉에 따라 : 금속 아크 용접(3000℃), 탄소 아크 용접(4000℃)

- 금속 아크 용접 (metal arc welding)

  : 금속 전극봉과 모재사이에 아크를 발생시켜 그 열로 모재와 용접봉을 녹여 모재를 접합시키는 방법으로 주로 교류를 많이 사용한다.

- 탄소 아크 용접 (carbon arc welding)

  : 탄소 전극봉과 모재사이에서 아크를 발생시켜 그 열로 모재와 용가재를 녹여 모재를 접합하는 것으로 많이 사용하지 않는다.

② 전원에 따라 : 직류 아크 용접, 교류 아크 용접

2.1) 아크 용접기 (arc welder)

① 직류 아크 용접기 (D.C arc welder)

: 용접 전류로 직류를 쓰는 것으로 직류전원 발생 방법에 따라 정류기형 직류 용접기, 전자식 직류 용접기, 발전기식 직류 용접기로 나눈다.

② 교류 아크 용접기(A.C arc welder)

: 현재 널리 사용되는 것으로 200V전원에서 전압을 낮추어 대전류를 얻는 일종의 변압기로, 조정하는 기구로 가동 철심형, 가동 코일형, 가포화 리액터형, 탭전환형으로 나눈다.

③ 고주파 아크 용접기(high frequency arc welder)

: 무부하 전압을 높이지 않고 적은 전류로 얇은판의 용접을 할 수 있는 용접기이다.

④ 자동 아크 용접기

: 전극봉을 기계 장치로 일정하게 공급하고 용접선(bend)방향으로 용접봉을 이동시켜 용접

하는 용접기이다.

2.3) 용접봉의 심선

심선의 지름은 1 ~ 8 ㎜까지 10종이 있으나 3.2 ~ 6 ㎜가 널리 쓰이며 모재가 주철, 특수강, 비철합금일 때에는 동일 재질의 것이 많이 사용되며, 모재가 연강일 경우에는 탄소가 비교적 적은 연강봉을 사용한다.

2.4) 피복제의 역할

① 공기중의 산소나 질소의 침입을 방지하여, 피복재의 연소 가스의 이온화에 의하여 전류가 끊어졌을 때에도 계속 아크를 발생시키므로 안정된 아크를 얻을 수 있도록 한다.

② 슬래그(slag)를 형성하여 용접부의 급냉을 방지하며, 용착 금속에 필요한원소를 보충한다.

③ 불순물과 친화력이 강한 재료를 사용하여 용착 금속을 정련한다.

④ 붕사, 산화티탄 등을 사용하여 용착 금속의 유동성을 좋게 한다.

⑤ 좁은 틈에서 작업할 때 절연 작용을 한다.

2.5) 용접 자세

① 아래 보기 자세 : 용접하려는 재료를 수평으로 놓고 용접봉을 아래로 향하여 용접하는 자세

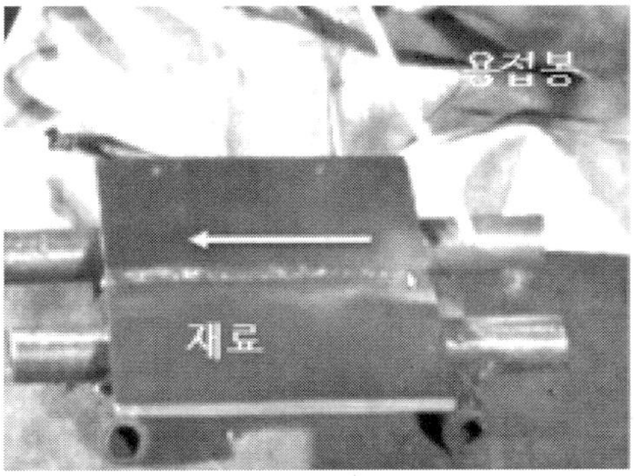

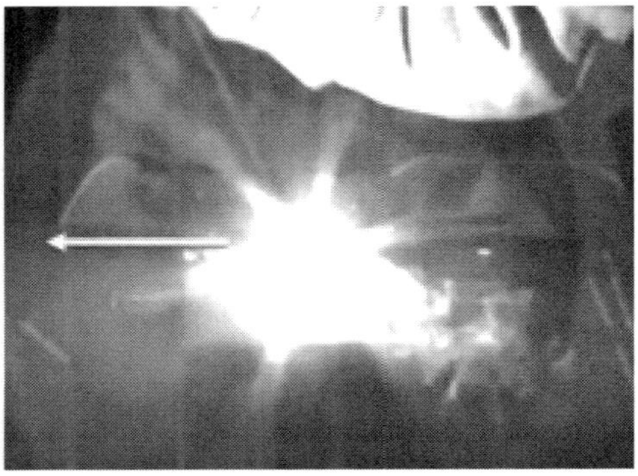

[용접: 아래 보기 자세]

② 수직 자세 : 모재가 수평면과 90° 또는 45° 이상의 경사를 가지며 용접선은 수직 또는 시작면에 45° 이하의 경사를 가지고 상진 또는 하진으로 용접을 하는 자세

[용접: 수직 자세]

③ 수평 자세 : 모재가 수평면과 90° 또는 45° 이상의 경사를 가지며 용접선이 수평이 되게 하는 자세

[용접: 수평 자세]

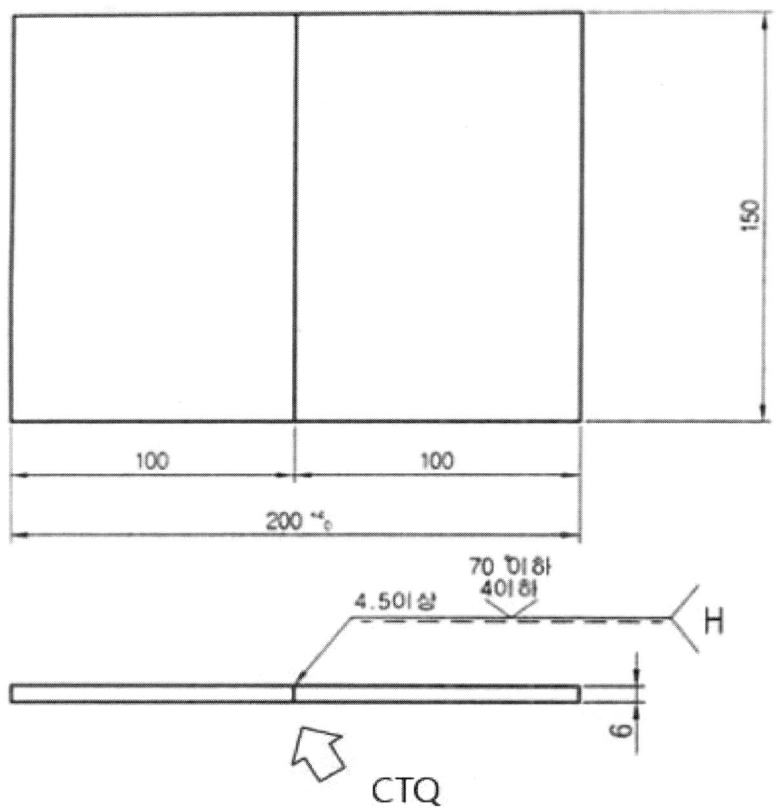

[용접 도면 예]

05 기계보전기구

기계보전이란 기계 혹은 설비를 항상 완전한 상태로 유지하고 고장을 사전에 방지하는 활동과 예방 정비를 통해 고장 범위를 최소화하는 것이다.

5.1 측정과 보전용 공기구

측정은 직접 제품에 접촉시켜 길이를 확인하는 방법인 직접 측정과 표준 치수의 게이지와 비교하여 측정기의 바늘이 지시하는 눈금에 의해 그 차이를 확인하는 간접 측정이 사용된다.

직접 측정은 버니어 캘리퍼스, 마이크로미터, 측장기, 각도기 등이 사용되며 간접 측정은 다이얼게이지, 옵티미터, 공기 마이크로미터, 전기 마이크로미터 등이 사용된다.

길이를 측정할 수 있는 정밀 측정기는 버니어 캘리퍼스, 마이크미터, 하이트 게이지가 있으며 각도를 측정시 블록 게이지와 사인바 등이 주로 이용된다. 비교 측정시는 다이얼 게이지, 마이크로미터, 블록 게이지, 나사 게이지, 한계 게이지. 두께 게이지가 주로 사용된다.

5.1.1 버니어 캘리퍼스 (vernier calipers)

어미자와 아들자로 구성되어 있으며, 바깥 지 안지름, 깊이를 측정할 수 있다.

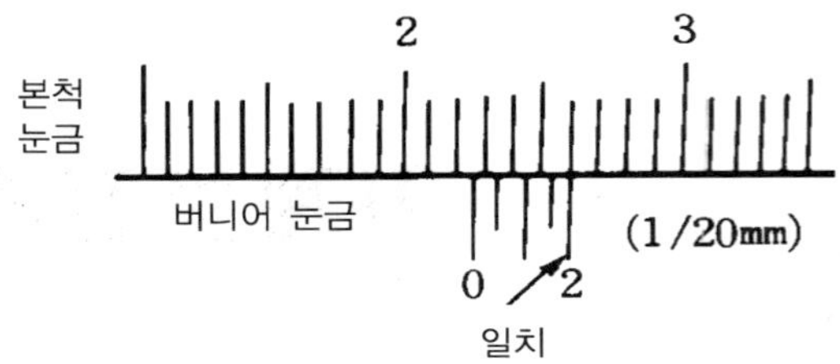

[버니어 캘리퍼스 눈금]

① 눈금 읽는 방법

버니어 눈금이 4번째에서 일치하므로

$$22 + (\frac{1}{20} \times 4) = 22 + 0.2 = 22.2(\text{㎜})$$

5.1.2 마이크로미터 (micrometer)

주로 비교적 얇은 물체의 바깥 지름, 안지름 및 깊이 측정에 사용되어 진다.

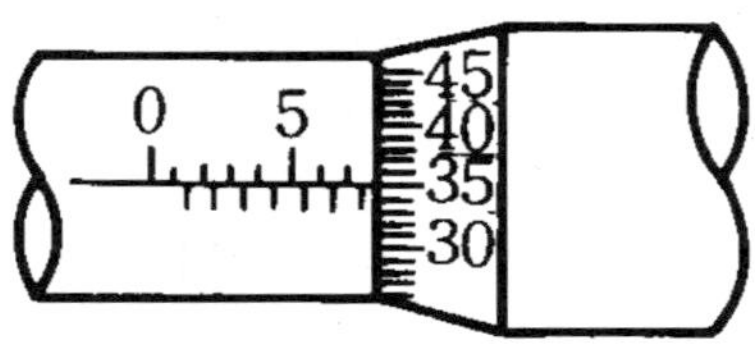

[마이크로미터 눈금]

① 눈금 읽는 방법
슬리버 : 7.5(㎜), 심블 : 0.35(㎜), 치수 = 7.5 + 0.35 = 7.85(㎜)

5.1.3 하이트 게이지 (height gauge)

정반 위에 버니어 캘리퍼스를 수직으로 설치하여 금긋기 하는 경우, 혹은 물체의 높이를 측정하는데 사용되어진다.

읽을 수 있는 최소 눈금은 0.02 ㎜로 HT형, HB형, HM형, HT형이 있다.

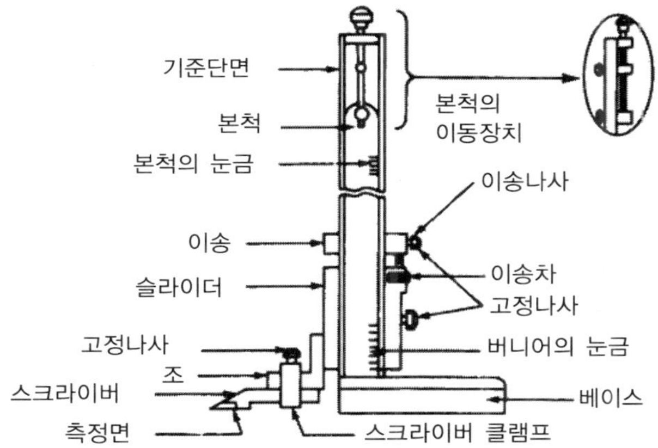

[하이트 게이지]

5.1.4 다이얼 게이지 (dial gauge)

래크와 피니언을 이용하여 미소 길이를 확대 표시하는 기구로 되어 있는 측정기이며 평면도, 원통도, 진원도, 축의 흔들림을 측정하는 기구이다.

레버식, 백플런지식, 시크네스, 다이얼 덥스 게이지, 다이얼 캘리퍼스 게이지 등이 있으며 소형, 경량으로 취급이 쉽고 측정 범위가 넓으며, 눈금과 지침에 의해 읽으므로 시차가 적고, 연속된 변위량의 측정이 가능하며, 진원 측정의 검출기로서 사용할 수 있다.

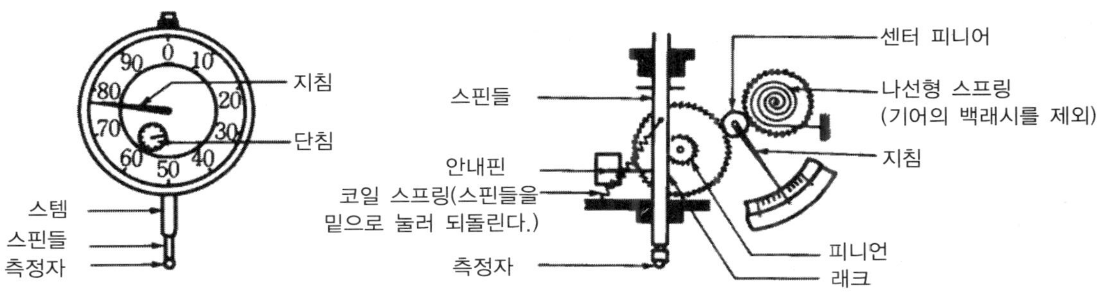

[다이얼 게이지]

5.1.5 미니 미터 (minimeter)

한 개의 레버(lever)를 이용한 것으로 레버로 100배 또는 1000배로 확대하며 측정 범위는 ±0.1 ㎜정도이다.

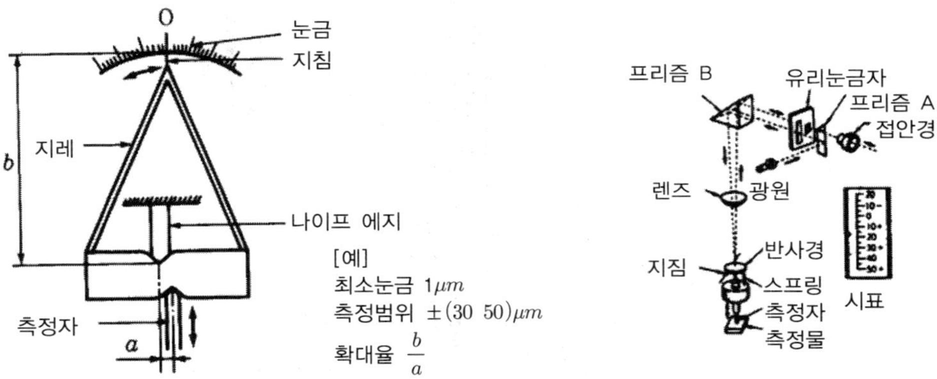

[미니 미터]

5.1.6 옵티 미터 (optimeter)

미니미터의 레버에 의한 측정을 광학적으로 확대한 것으로 확대율은 800배, 측정 범위는 ±0.1 ㎜, 최소눈금 1 μ, 정밀도 ±0.25 μ정도이다.

5.1.7 전기 마이크로 미터 (electronic micrometer)

길이의 극히 작은 변화를 전기 용량의 변화로 측정하는 방법으로 0.01μ정도의 미소 변화도 검사할 수 있다.

5.1.8 공기 마이크로미터 (air micrometer)

압축 공기를 사용하는 비교 측정기로서 확대율이 매우 크고 조정이 쉬우며, 측정력이 작아 무접촉의 측정이 가능하다.

반지름이 작은 다른 종류의 측정기로는 불가능한 것을 측정할 수 있으며, 많은 치수의 동시 측정, 선별이나 치수 결정이 자동으로 되며, 원격 측정, 자동제어 등에 사용된다. 정밀도는 ±0.1 ~ 1 μ 정도이다.

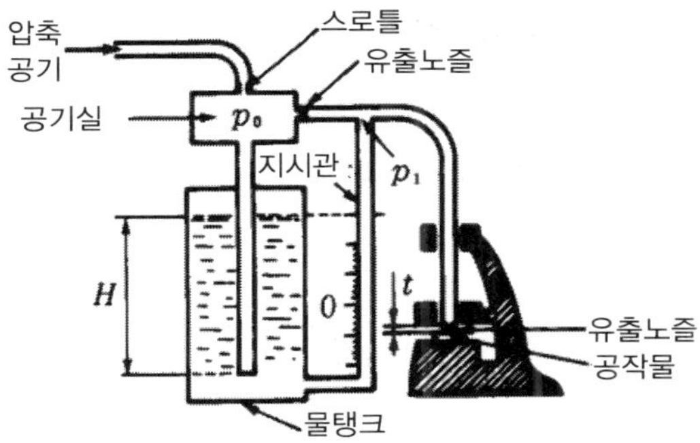

[공기 마이크로미터]

5.1.9 블록 게이지 (block gauge)

길이 측정의 표준이 되는 게이지로 표면은 정밀하게 래핑 되어있고, 재질은 특수공구 강, 초경합금, 고탄소강 등이 있다.

열처리하여 연마한 후 래핑 다듬질 후 사용된다.
공작용 C등급, 검사용 B등급, 표준용 A등급, 참고(연구소용)용 AA등급

5.1.10 두께 게이지 (thickness gauge)

미세한 간격을 두어 정확히 가공물을 조립할 때 사용하는 측정기로 여러 가지 두께의 박강판 게이지를 조합한 것으로 보통 0.02 ~ 0.7 ㎜까지의 두께를 가진 16장이 한조로 되어 있어 몇 장을 조합하여 틈새를 측정한다.

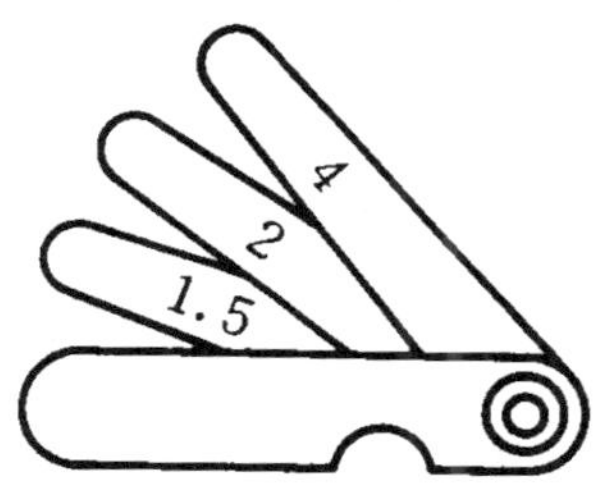

[두께 게이지]

5.1.11 반경 게이지 (radius gauge)

공작물의 라운딩(rounding, Fillet)을 측정할 때 사용 한다.

5.1.12 센터 게이지 (center gauge)

선반으로 나사를 깎을 경우 나사 절삭 바이트의 날끝각을 조사하거나 바이트를 바르게 설치하는데 이용되는 게이지로, 공작물의 중심 위치의 양부를 조사하는 게이지이다.

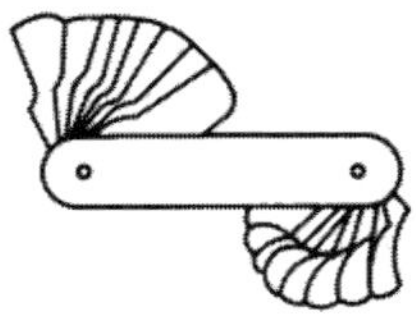

반경 게이지

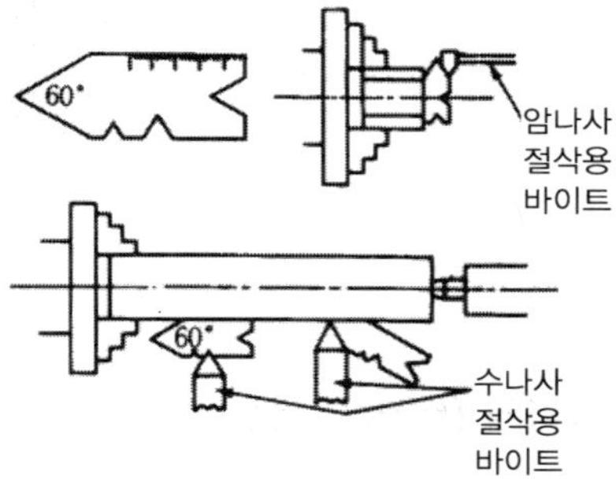

센터 게이지

[반경 게이지, 센터 게이지]

5.1.13 나사 피치 게이지 (screw thread pitch gauge)

각종 피치로 된 다수의 나사형을 만든 강판으로 나사의 피치 검사용으로 사용된다.

5.1.14 와이어 게이지 (wire gauge)

철사의 지름을 재는데 사용하는 게이지로 원판의 주위에 철사의 번호에 해당하는 치수의 구멍이 가공되어 있는 것을 말한다.

나사 피치 게이지

와이어 게이지

[나사 피치 게이지, 와이어 게이지]

5.1.15 드릴 게이지 (drill gauge)

드릴의 치수, 드릴 끝의 원뿔 정각 등을 검사하는데 이용되는 측정기이다.

5.1.16 각도 게이지 (angle gauge)

각도 측정에 이용되는 게이지로 각종의 올바른 각도로 다듬어진 강편을 조합해서 임의의 표준 각도를 얻는다.

5.1.17 사인바 (sine bar)

직각 삼각형의 2변 길이로 삼각함수에 의해 각도를 구하는 것으로 삼각법에 의한 측정에 많이 이용된다.

5.1.18 콤비네이션 세트 (combination set)

각도의 측정, 중심내기 등에 사용되는 측정기이다.

5.1.19 탄젠트 바 (tangent bar)

일정한 간격 L 로 놓여진 2개의 블록 게이지 H 및 h와 그 위에 놓여진 바에 의해 각도를 측정한다.

5.2 기계보전 (설비관리)

측정은 직접 제품에 접촉시켜 길이를 확인하는 방법인 직접 측정과 표준 치수의 게이지와 비교하여 측정기의 바늘이 지시하는 눈금에 의해 그 차이를 확인하는 간접 측정이 사용된다.

06

기계정비

6.1 센서

센서(Sense)는 인간의 감각인 시각, 청각, 후각, 미각, 촉각(눈, 귀, 코, 혀, 피부)을 대신해 측정 대상의 물리량 혹은 화학량 등의 변화를 감지하는 전기, 전자 변환 소자를 말한다.

대표적인 센서에는 위치센서가 있다.

위치 센서는 특정 위치에 물체가 이동한 것을 ON/OFF 신호의 형태로 검출하게 된다.

이 경우 물체가 실제 접촉하여 동작하는 접촉 동작형과 물체와 물리적으로 접촉하지 않는 비접촉 동작형이 있다.

각각의 대표적인 센서에는 마이크로 스위치와 광전 스위치가 있다.

기계 설비의 이용시 필요한 정보는 접촉 혹은 비접촉형 센서에 의해 정보가 모여지며 CPU와 같은 정보처리장치로 전달, 분석된다.

이후 기계 설비의 출력장치로 전달되고, 필요시 계측된 정보는 다른 기계설비에서 이용될 수 있게 된다.

공압	수동조작/리미트 밸브 반향/배압센서/공기배리어
전기	수동조작/리미트 스위치 광/유도형/용량형 센서
전자	아나로그형 센서

[에너지 형태(공압, 전기, 전자)별 사용되는 센서]

6.1.1 마이크로 스위치

마이크로 스위치는 인장 스프링과 압축 스프링을 조합한 스냅액션 기구를 이용하며 스위치의 접점을 빠르게 반전시켜 누름 속도에 의하지 않고 일정 속도로 개폐시킬 수 있다.

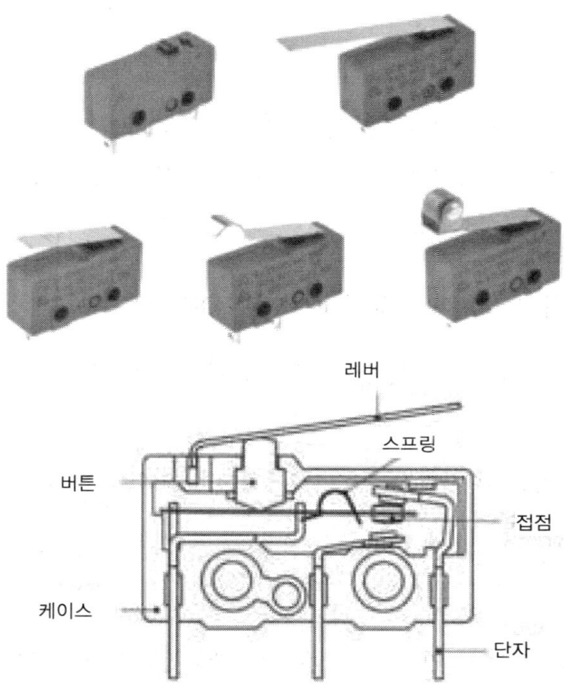

[마이크로 리미트 스위치]

6.1.2 광전 스위치

투광기와 수광기 사이에 검출 물체가 개재하면 빛이 차단되므로 위치의 ON/OFF를 비접촉으로 검출 할 수 있다. 검출 방식에는 투과형, 반사판형, 반사형이 있다. 투광기에는 발광 다이오드, 수광기에는 포토 트랜지스터 혹은 포토 다이오드가 사용된다.

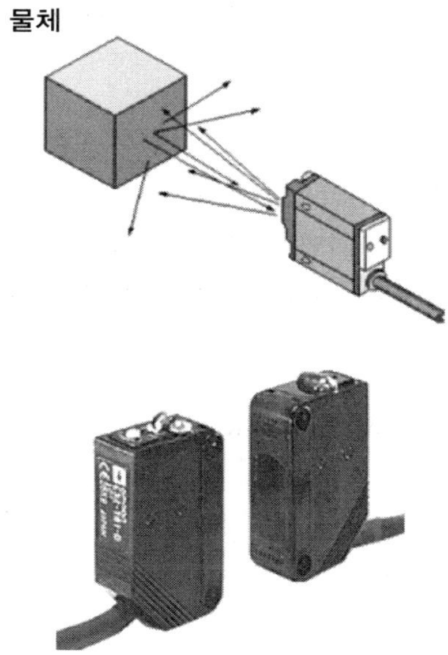

[광전 스위치]

6.2 저항

저항(Resistance)은 전기, 전자 회로에서 전기적인 흐름을 제한(저항)하는 속성을 나타내는 물리적인 양을 의미한다.

저항은 전기 저항, 전기 저항력 또는 전기 저항치로 불리기도 한다. 저항은 전기적인 에너지를 열로 변환하는 역할을 한다. 저항의 단위는 옴(Ω)으로 표시되며, 옴은 1 볼트(V)의 전압에 1 암페어(A)의 전류가 흐를 때의 저항을 나타낸다. 저항은 옴의 법칙에 따라 전압(V), 전류(I), 그리고 저항(R) 간의 관계로 설명되며 옴의 법칙은 다음과 같다.

$$V = I * R$$

여기서 V는 전압(볼트), I는 전류(암페어), R은 저항(옴)을 나타낸다.

전압은 전기 회로를 통해 전달되는 전기의 "압력"으로 생각할 수 있으며, 단위는 볼트(V)이다.

전류(Current)는 전기 회로를 따라 흐르는 전자의 양 또는 전류의 크기를 나타내며, 단위는 암페어(Ampere, A)이다.

저항(Resistance)은 전기 회로에서 전류의 흐름을 제한하는 속성을 가리키며, 단위는 옴(Ohm, Ω)이다.

1[Ω]은 도체에 1V의 전압을 가한 경우, 1[A]의 전류가 흐르는 도체의 저항을 의미하며 도체 길이에 비례하고 단면적에 반비례한다.

저항은 고정 저항, 가변 저항, 열선 저항, 등 다양한 종류의 저항이 있다. 저항은 전기 회로에서 전류의 크기를 조절하거나 전압을 분배하는 데 사용되며 이 과정에서 전기적인 에너지를 열로 변환하는 역할을 하여 발열기기로도 사용되는 소자이다. 저항은 옴미터(OHM meter)를 사용하여 측정할 수 있으나 대부분 전압과 전류를 함께 측정 가능한 멀티미터를 주로 사용하게 된다.

$$R = V/I, \quad I = V/R, \quad V = IR, \quad (\text{전류} : I,\ \text{전압} : V,\ \text{저항} : R)$$

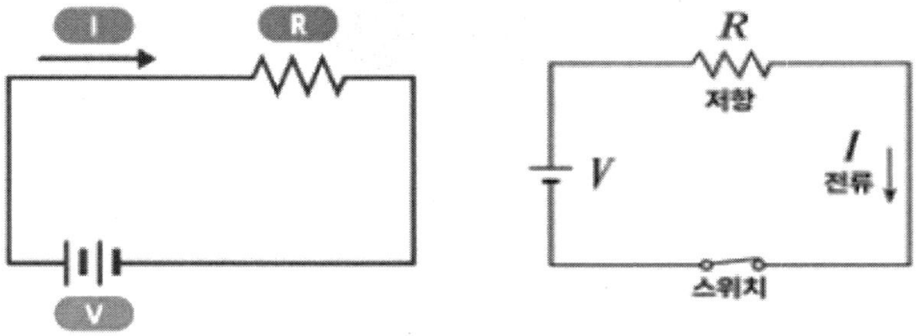

[전기회로 (전압,전류,저항)]

6.2.1 저항 읽기

전기 저항 값을 올바르게 읽으면 전자 부품을 올바르게 선택하고 전기 회로를 설계하거나 유지하지 할 수 있다.

전기 저항(옴, Ω)은 일반적으로 옴 또는 킬로옴 단위로 표기된다.

저항 값은 전자 부품, 저항기, 등 다양한 전기, 전자 장치에 표시되며, 이 값은 전기 회로 설계 및 유지에 중요한 항목으로 읽는 방법은 하기와 같다.

1) 저항 값 확인

전자 부품이나 저항기의 본체에는 저항 값이 표시되어 있으며 색 코드, 숫자 또는 텍스트로 나타낸다.

2) 색 코드 읽기

색 코드를 사용하여 저항 값을 나타낸다.

색 코드는 저항기 본체에 작은 띠나 패턴으로 표시되며 각 색은 숫자에 해당하며, 4색 또는 5색 색 코드가 사용된다.
이 색을 해독하여 저항값을 확인 가능하다.

예를 들어, 첫 번째 색이 갈색이면 “1”, 두 번째 색이 검은색이면 “0”으로 읽게 된다.

저항은 표준 색깔 코드가 위치별로 부여되며 각 위치에 따른 자리수로 표현된다.

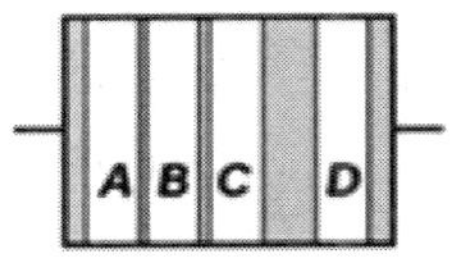

저항 읽는 법

적색 적색 갈색 금색

[저항 읽는법, 예시]

색상	첫째 자리 A	둘째 자리 B	승수 C	오차 D
흑색	0	0	1	-
갈색	1	1	10	±1%
적색	2	2	100	±2%
등색	3	3	1,000	±3%
황색	4	4	10,000	±4%
녹색	5	5	100,000	-
청색	6	6	1,000,000	-
자색	7	7	10,000,000	-
회색	8	8	-	-
백색	9	9	-	-
금색	-	-	0.1	±5%
은색	-	-	0.01	±10%
무색	-	-	-	±20%

[저항 컬러 코드별 숫자]

색(Color)		유효숫자	승수(Multiplier)		오차(Tolerance)
		Band A/B	Band C		Band D
	Black(흑)	0	1	$\times 10^{0}$	±20%
	Brown(갈)	1	10	$\times 10^{1}$	±1%
	Red(적)	2	100	$\times 10^{2}$	±2%
	Orange(등)	3	1000	$\times 10^{3}$	—
	Yellow(황)	4	10,000	$\times 10^{4}$	(±5%)
	Green(녹)	5	100,000	$\times 10^{5}$	±0.5%
	Blue(청)	6	1,000,000	$\times 10^{6}$	±0.25%
	Violet(자)	7	10,000,000	$\times 10^{7}$	±0.1%
	Grey(회)	8	100,000,000	$\times 10^{8}$	±0.05%(±10%)
	White(백)	9	1,000,000,000	$\times 10^{9}$	—
	Gold(금)	—	0.1	$\times 10^{-1}$	±5%
	Silver(은)	—	0.01	$\times 10^{-2}$	±10%
	색 없음	—	—		±20%

[저항 표준 컬러코드(IEC 표준 EN60062)]

저항의 위치별 색깔 코드가 각각 적색, 적색, 갈색, 금색인 경우 첫 번째 색깔코드 적색은 2를 두 번째 색깔 코드 적색은 2를 각각 나타내며 세 번째 색깔 코드 갈색은 승수 10을 네 번째 색깔 코드 금색은 오차 ±5%를 의미한다.

적색, 적색, 갈색, 금색 ➜ 22 × 10 ± 5% ➜ 220Ω ± 5%

3) 숫자 값 읽기

일부 저항에는 숫자로 저항 값이 표기된다.

이 숫자는 옴(Ω) 단위로 표시되며 일반적으로 3자리 또는 4자리 숫자로 나타낸다.

4) 저항 값의 단위 확인

저항 값은 옴(Ω) 단위로 표시되며, 킬로옴(KΩ)의 경우라면 “kΩ”로 나타날 수 있다.

예를 들어, 저항의 본체에 “470Ω” 또는 “47KΩ”라고 표시되어 있다면, 이것은 각각 470 옴 또는 47,000옴(47 킬로옴)의 저항 값을 나타낸다.

6.2.2 저항 측정

저항을 측정하는 가장 일반적인 방법은 오옴 미터(Ohmmeter) 또는 멀티미터(Multimeter)를 사용하는 것이다.

멀티미터는 전압, 전류, 저항을 측정하는 다기능 측정 장치로, 전기 회로 분석 및 문제 해결을 위해 유용하게 사용할 수 있다.

1) 멀티미터 측정 다이얼 선택

멀티미터를 저항 측정 모드로 설정한다.

멀티미터의 다기능 선택 다이얼에서 저항(옴)을 나타내는 기호로 선택한다.

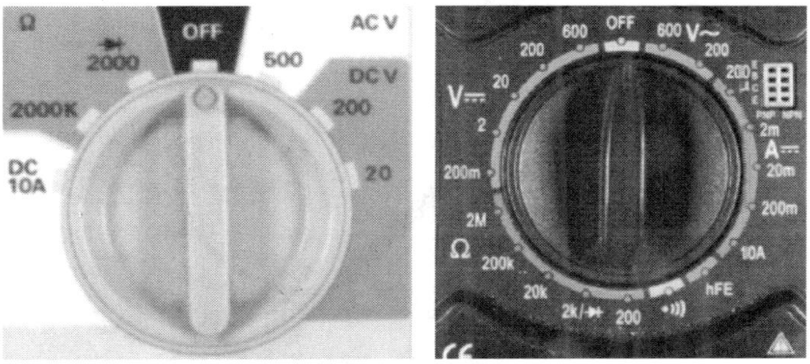

[멀티미터 측정 다이얼]

2) 전기 회로 끊기

저항을 측정하기 전에 전기 회로에서 테스트 접점을 분리하거나 저항으로부터 접촉을 끊어야 한다.

이렇게 하지 않으면 다른 구성 요소와 병렬로 연결될 수 있으며 정확한 측정 결과를 얻을 수 없다.

3) 접촉점 선택

멀티미터의 두 개의 측정 접점(보통 빨간색과 검은색)을 측정하려는 저항의 양 끝에 각각 연결한다.

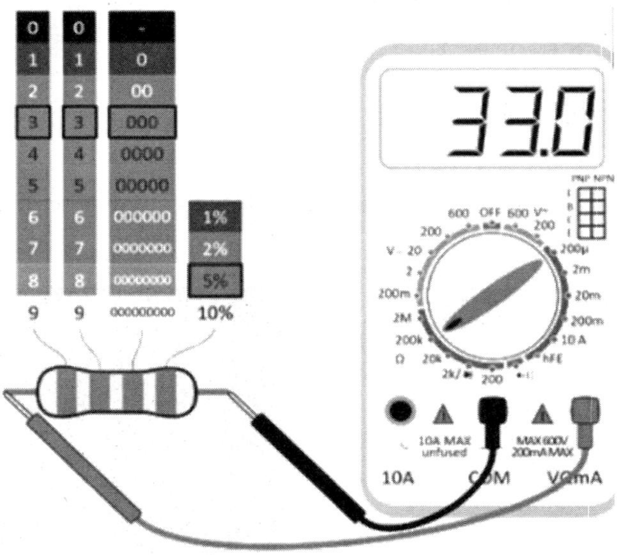

[멀티미터 저항 측정점 선택]

4) 측정값 확인

멀티미터를 측정 위치에 연결한 후 디스플레이 화면에 저항 값을 확인한다. 멀티미터는 일반적으로 옴(Ω) 단위로 값을 표시된다.

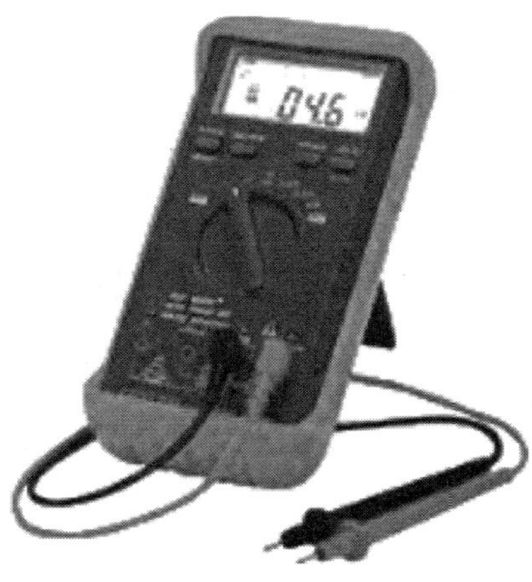

[멀티미터]

5) 올바른 저항 범위 선택

만약 저항 값이 알려진 범위를 벗어난다면, 멀티미터에서 측정 범위를 수동으로 조정 후 저항값을 확인해야 한다.

6) 결과 확인

멀티미터가 측정값을 표시하면 이 값이 측정한 저항 값이다.

멀티 미터의 표시부에서 정확한 저항 값의 단위와 범위를 확인한다.

저항을 측정시 주의 할 부분은 회로에서 전원을 끊어야 하며 멀티미터의 측정 접점이 정확하게 연결되어 있어야 한다. 또한, 멀티미터의 측정 점이 저항에 적절하게 연결되어야 정확한 측정이 가능하다.

저항 측정 예제 1)

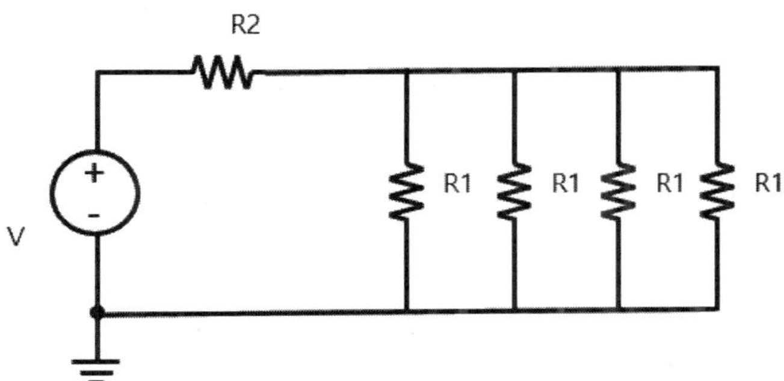

저항 측정 예제 2)

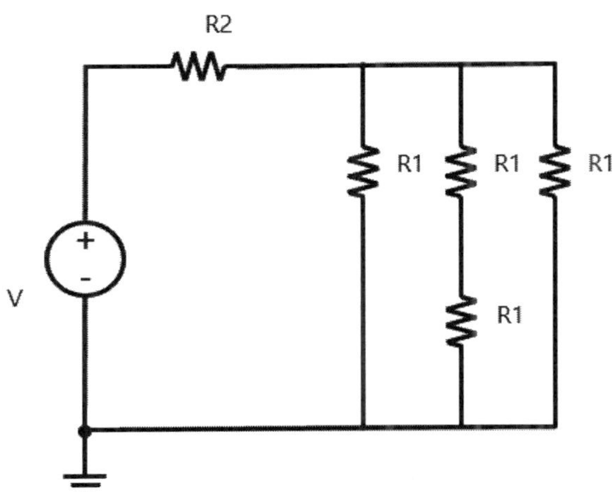

저항 측정 예제 3)

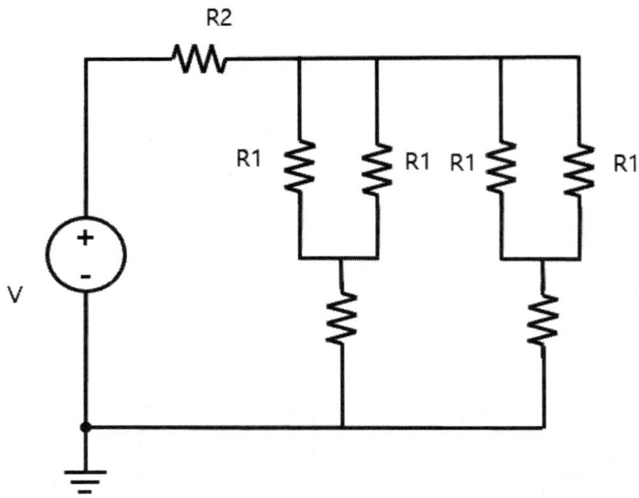

6.3 소음 측정

소음 측정은 소음의 강도와 레벨을 정량화하고 평가하기 위한 중요한 작업이다. 소음 측정을 수행하는 기본적인 단계와 방법은 다음과 같다.

1) 측정 장비 준비

소음 레벨을 측정하기 위한 적절한 장비를 선택한다.
일반적으로 소음 레벨을 측정하기 위해 소음 레벨 미터 또는 소음계(소음계기)를 사용한다.
소음 측정 장비는 정확한 결과를 얻기 위해 사전 보정되어야 한다.

2) 측정 장소 선택

측정하려는 환경 또는 위치를 선택한다.
소음 레벨은 환경에 따라 다르며, 측정 위치를 선택할 때 주의해야 한다.

3) 레퍼런스 레벨 설정

소음 측정 미터를 사용하기 전에 측정의 기준 레벨을 설정한다.
이것은 배경 소음 레벨과의 비교를 용이하게 한다.

4) 정확한 위치에서 측정

소음 측정 미터를 사용하여 소음 레벨을 정확한 위치에서 측정한다.

이때 소음 측정 미터의 마이크를 소음원에 향하게 하고, 거리 및 방향을 고려하여 측정을 수행한다.

5) 평균 및 빠른 측정

일부 측정 장비는 레벨을 빠르게 측정하고 평균 레벨을 계산할 수 있다.
이를 통해 짧은 시간 동안 발생하는 소음의 변동을 감지할 수 있다.

6) 데이터 기록

측정 결과를 기록하고 필요한 경우 시간대별로 분류한다.
이러한 데이터는 나중에 분석 및 평가에 사용된다.

7) 측정 값 해석

측정한 소음 레벨을 기준 레벨과 비교하여 소음의 강도를 결정한다.
결과를 데시벨(dB)로 기록한다.

8) 결과 분석

측정 결과를 기반으로 소음이 불편하거나 위험할 수 있는지를 평가하고 필요한 조치를 취한다.

9) 데이터 보고

측정 결과를 문서화하고 보고서를 작성하여 관리자 또는 다른 이해관계자에게 제공한다.
이때 정확한 소음 측정을 위해 정확한 장비와 적절한 절차를 따르는 것이 중요하며 국가 또는 지역의 규정 및 표준을 준수하여야 한다.

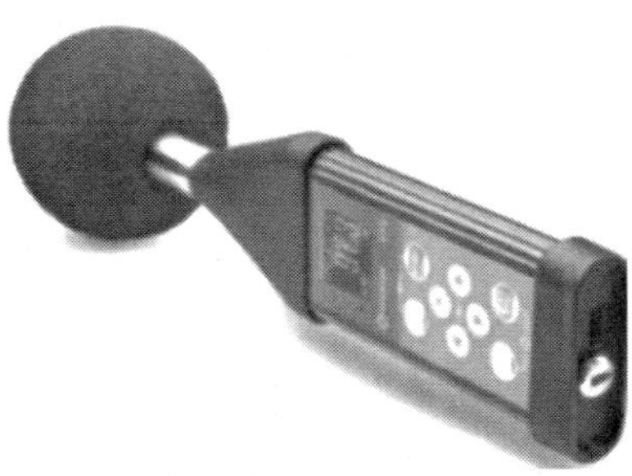

[소음 측정기 예시]

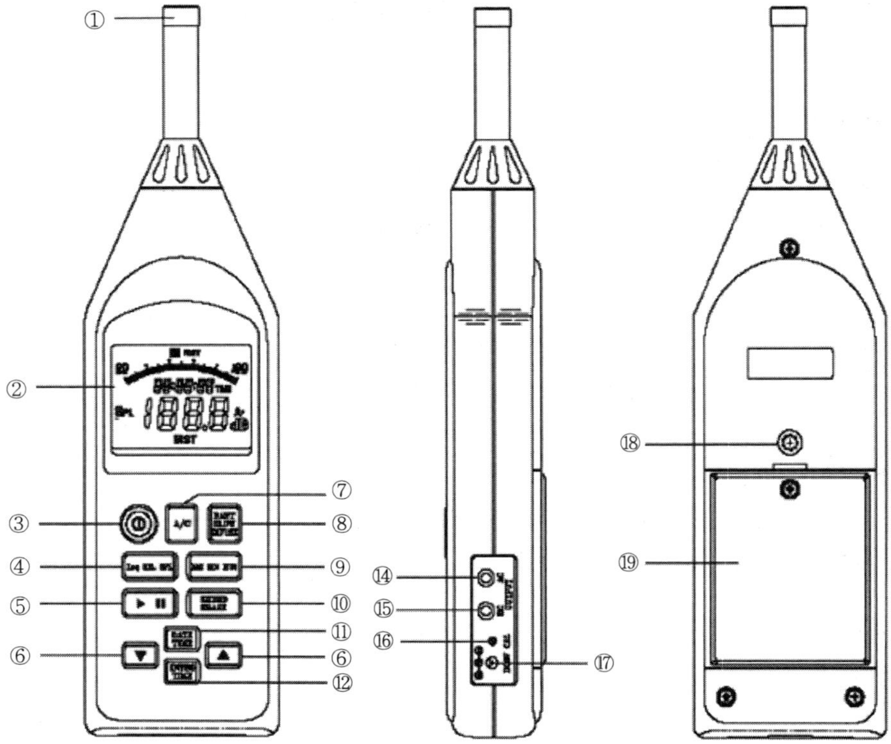

[소음 측정기 명칭]

(가) START / STOP 키

측정 기능(다양한 연산)을 사용하고 측정을 시작할 때 또는 측정 종료 때 사용한다.

(나) Indicator LED

장비의 동작이나 상태에 따라 빨강, 파랑 색으로 점등 및 점멸 표시 한다.

(다) PAUSE / CONT 키

측정 기능을 사용하여 측정하는 동안 연산에 포함하고 싶지 않은 소음이 있을 경우 이 키를 사용함으로 연산을 일시정지(PAUSE)할 수 있다. 다시 누르면 연산은 계속된다. 직접 데이터 제거 기능을 이용하여 키를 누른 시점에서 몇 초 전(1, 3, 5 초 전 선택)까지의 측정값을 연산에 포함되지 않도록 할 수도 있다. 매뉴얼 연산에서의 일시정지(PAUSE) 동안에는 표시등이 청색으로 점멸 표시된다.

(라) DISPLAY 키

측정 화면 표시를 전환 때 사용한다. 또한 도움말 기능에서 화면상의 항목의 해설을 참조

할 때 사용한다.

(마) MENU / ENTER 키

메뉴 항목 설정 및 기타 설정 시 누릅니다. 측정 화면에서 이 키를 누르면 메뉴 목록 화면이 표시된다.

(바) CAL키

교정, 또는 본 장비와 연결하는 기기와의 측정값을 맞출 때 사용한다.
△/▽/◁/▷ 키 메뉴 항목을 선택하고 수정하는데 사용한다.

(사) LIGHT 키

디스플레이의 백라이트가 켜져 어두운 곳에 화면을 볼 수 있다.
다시 누르면 꺼진다. 메뉴 화면에서 자동 꺼짐 기능이 설정되어 있으면 설정 후에 백라이트는 자동 소등된다.
절전 모드 측정 대기 중에 측정 조건을 확인할 경우에도 이 키를 누른다.

(아) POWER 키

전원을 ON, OFF하는 키이다.
1초 이상 누르고 있으면 전원이 ON, OFF 된다.

① 소음계의 마이크로폰은 지지 장치에 설치한다.
② 손으로 소음계를 잡고 측정할 경우는 50 cm이상 떨어뜨려 측정한다.
③ 소음계의 마이크로폰은 음원 방향으로 향해야 한다.

6.4 진동 측정

진동 측정은 시스템, 기계, 구조물 또는 장치의 진동 및 진동 원인을 분석하고 모니터링하기 위한 기술이다.

진동 측정은 다양한 분야에서 사용되며, 기계 설비의 안전성, 구조물의 건전성, 제품의 신뢰성, 음향 엔지니어링 및 진동 해석에 관련된 다양한 응용 분야에서 중요하게 활용된다.

1) 진동의 기초 개념

진동은 물체가 주기적으로 움직이는 현상을 나타낸다.

이러한 움직임은 시간에 따른 변화를 가질 수 있으며, 주파수, 진폭 및 위상과 관련된다.

2) 진동 측정 장비

진동 측정 장비는 가속도계, 속도계, 변위계, 진동 레벨 미터, 주파수 분석기, 스펙트럼 분석기 등이 포함된다.

3) 가속도, 속도, 변위

진동을 측정하기 위해 주로 가속도, 속도 및 변위를 측정하게 된다.

물체의 가속도 측정은 주로 가속도계를 사용되며, 물체의 속도는 주로 속도계가 사용된다.

또한 물체의 위치 이동을 나타내는 변위 측정은 변위계를 사용한다.

4) 주파수 분석

주파수는 진동의 빈도를 나타내며, 주파수 분석을 통해 주파수의 구성을 분석할 수 있다.

5) 진동 측정, 모니터링

진동 측정은 주로 기계 및 장비의 상태 모니터링 및 예방 정비에 사용된다.

진동 측정은 진동을 제어하거나 줄이는 데도 이용되며 기계에 반복적인 외력, 즉 질량의 불평형, 축의 오정렬, 기구물의 마모, 등으로 부적절하게 기계가 구동될 경우에 측정, 모니터링 되는 경우가 많다.

설비의 고장은 출력의 변화, 온도의 이상 상승 및 소음과 진동을 수반하여 나타나며, 설비의 고장 이전의 이상 징후는 진동을 유발하게 된다.

고장 이전의 진동은 설비가 완전히 중단되기 전부터 나타나기 때문에 설비의 진동 상태를 측정해서 설비를 분해하거나 중단시키지 않고 진단하는 것이 가능하다.

진동 측정기를 사용하여 설비를 관리하게 되면 다음과 같은 효과를 얻을 수 있다.

- 설비의 상태를 정확하게 진단할 수 있으므로 설비 및 부품을 수명이 다할 때까지 안심하고 사용할 수 있으며 보전 및 재료비를 절약 할 수 있다.
- 설비가 운전되고 있는 중에 설비를 진단하게 되므로 설비의 정지 시간을 감소시켜 설비 가동율을 향상 시킬 수 있다.
- 설비의 상태를 파악하게 되므로 보수 시기와 범위를 결정하고 재고 부품의 관리가 용이하여 효율 좋은 보전 작업을 할 수 있게 된다.
- 조기에 결함을 발견하여 초기 불량을 감소시킬 수 있다.

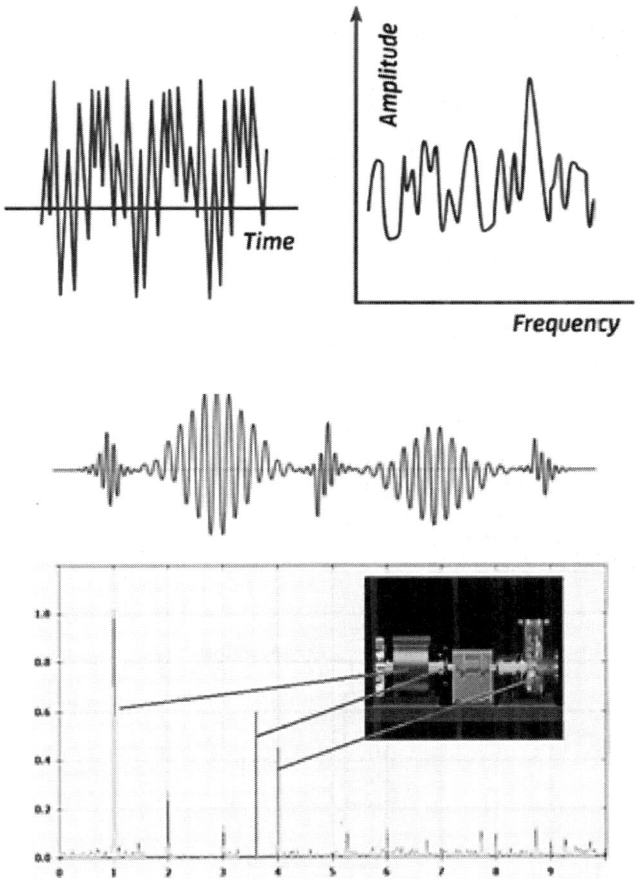

[기계 진동 측정의 예]

속도, 가속도 검출시 접촉식 센서를 변위, 속도, 가속도 검축시 비접촉형 센서가 사용될 수 있다.

축이 돌출된 경우는 주로 변위 센서를 축의 돌출이 없는 경우는 속도, 가속도 센서를 혼용하여 사용한다.

회전하는 기기의 경우 베어링 지점의 진동을 측정하게 되며 일반적으로 수직, 수평, 축방향 진동을 측정할 수 있다.

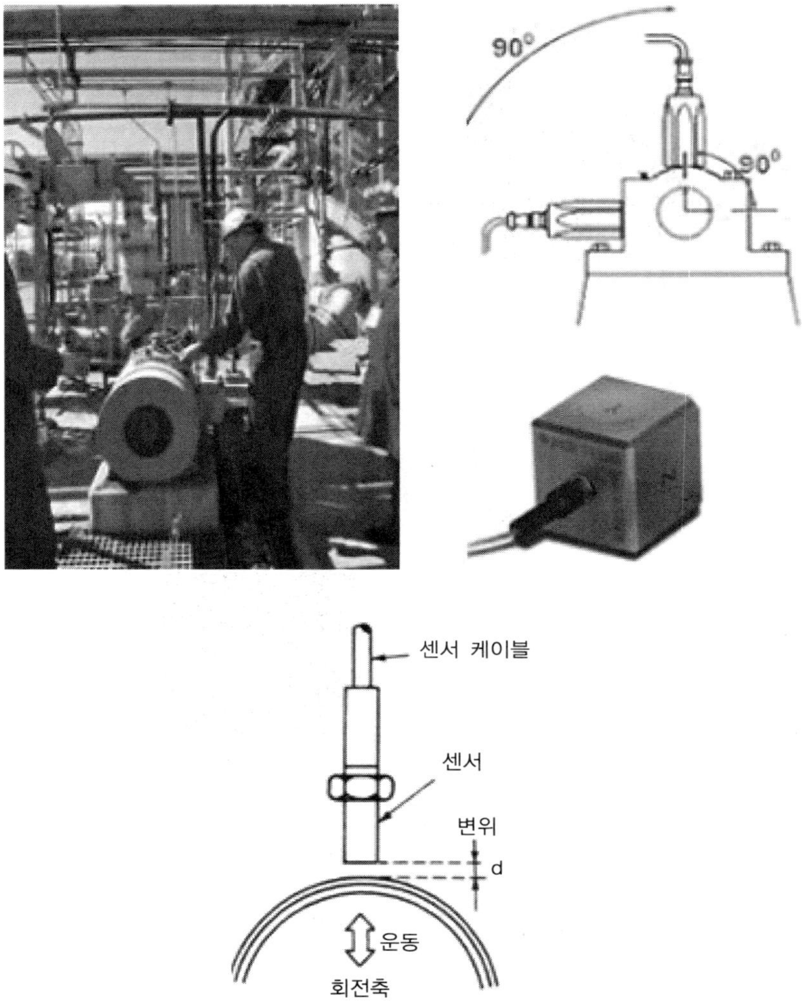

[진동 측정시 센서의 위치 예]

기계설비의 진동파형은 각기 다른 진폭과 위상 주파수로 되어 있다.

복잡한 파형도 진동의 각 성분을 분석, 구분하여 각 성분의 주파수와 진폭을 확인 할 수 있다.

기계설비에 이상이 발생하면 진동 상태는 정상 가동상태와 비교했을 때 다른 성분과 크기를 확인 할 수 있다.

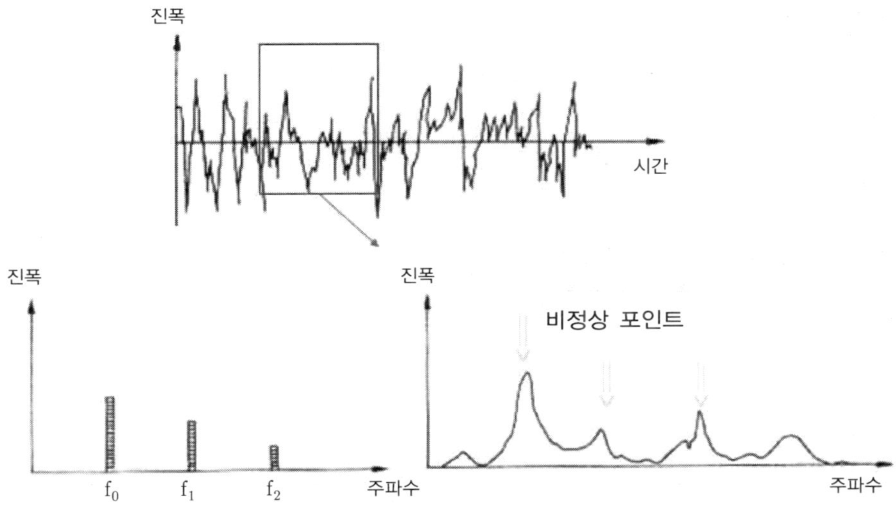

[진동 주파수 측정 결과]

일반적으로 회전하는 기기의 진동 데이터를 측정 후 분석 할 수 있다.

주파수 분석시 1X 진동의 성분이 높은 경우는 질량 불평형, 1X, 2X, 3X의 성분이 높은 경우는 축 오정렬 상태의 경우가 많다.

6.5 기계 진단

기계 진단 기술은 기계 및 장비의 상태를 평가하고 문제를 식별하기 위한 기술 집합을 말한다. 이러한 기술은 기계 설비의 정기 점검, 예방 정비, 고장 진단, 그리고 시스템의 효율성 평가에 이용된다.

기계 진단 기술의 주요 요소와 방법은 하기와 같다.

1) 진동 분석

진동 분석은 기계의 진동을 측정하고 분석하는 것을 의미하며 진동 패턴, 주파수, 진폭, 위상, 공명 주파수, 비정상 진동 패턴 등을 평가하여 기계의 고장을 식별하고 진단하는 데 사용된다.

2) 온도 측정

온도 측정은 부품의 온도를 모니터링하여 발열 문제를 감지하고, 부품의 고장을 식별한다. 주로 열화상 카메라 또는 온도 센서를 사용한다.

3) 기계 소음 분석

기계 소음 분석은 기계의 소음 스펙트럼을 분석하여 비정상한 소음 패턴을 감지하고 고장을 식별한다.

주로 소음 레벨 미터 또는 소음계기를 사용하게 된다.

4) 기계 진단 및 모니터링 소프트웨어

전문 소프트웨어를 사용하여 진동 데이터 및 기계 상태 정보를 수집, 분석하고 문제를 진단한다.

5) 오일(기름) 분석

기계의 오일 샘플을 채취하고 분석하여 부품 마모, 오일 오염, 부식, 미립자 농도 등을 평가하고 고장 진단에 활용한다.

6) 전류 및 전압 측정

전류 및 전압 측정을 통해 모터 및 전기 장비의 작동 상태를 평가하며 고장을 감지한다.

7) 초음파 검사

초음파 검사는 부품의 미립자, 공백, 균열, 부식을 감지하고 고장 진단에 활용한다.

기계 진단 기술을 사용하여 기계 설비의 신뢰성을 높이고 비정상적인 작동을 미연에 방지하고 이를 통해 생산성 향상과 예방 정비를 할 수 있으며, 기계 고장으로 인한 비용을 줄일 수 있다.

6.5.1 기계 진단 기술

기계 진단 기술은 기계 사용에 따른 고장이나 열화를 파악하여 이상 원인 및 정비 절차 및 그 수행과정을 범위에 포함 할 수 있다.

기계 진단의 목적은 신뢰성 및 고장을 미연에 방지하고 정량적(숫자)으로 관리하여 에너지를 절약함과 동시에 환경 오염 및 재해를 사진에 예방하는데 있다.

1) 진단 기술

간이 진단: 1차 진단에 해당하며 기계의 상태를 사람이 관찰하여 간이 측정기를 통해 그 상태를 정기적으로 측정하는 것을 말한다.

2) 정밀 진단

정량화 기술은 기계적, 화학적, 온도적, 전기적 스트레스 측정 및 이를 계산하며, 고장의 검출은 강제 열화, 파괴 시험, 파단면 분석, 화학 분석으로 회전 기계 진단, 전동기 진단, 정지 기계 진단, 배관류 진단 등이 있다.

또한 정밀 진단은 강도 및 성능의 정량화를 위해 피로 강도 추정, 내열 강도 추정, 절연 내력 추정, 내부식 강도 추정 기술이 있다.

3) 진단 기법

3.1) 진동 상태 감시, 분석법

진동을 측정하고 분석하는 것은 기계의 작동 상태를 보호, 보전하기 위한 정보를 획득하기 위해서이며 그 정보는 안전성, 보전 순서, 문제의 조기 발견, 수명의 연장, 작동 능력의 향상을 도모할 수 있다.

진동 상태 감시에서 진동 계측의 변화는 주로 불평형, 축 오정렬, 기어 파손, 과도한 운전, 접촉, 베어링 및 기타 기계 요소의 마모 및 파손등이 있다.

진동 분석법은 설비의 언밸런스, 미스얼라인먼트 등의 회전 기계의 각종 이상을 검출하고 평가하는 방법이다.

3.2) 오일 분석법

베어링 등의 마모에 대해 그 진행 상태를 판단하는 방법으로 페로그래피법과 SOAP법이 있다.

- 페로그래피법 : 채취한 오일 샘플링을 용제로 희석, 경사진 고정 슬라이드에 흘려서 강력한 자석으로 마모입자를 자력선으로 채취 후 페로스코프 현미경으로 마모 입자의 크기, 형상, 성분을 관찰하여 분석하는 방법
- SOAP법 : 채취한 시료의 연소 시 발생하는 금속의 발광 및 흡광 현상으로 오일 중 마모 성분과 농도를 검출하여 분석하는 방법

3.3) 응력법: 기계의 응력을 측정 및 분포를 해석하여 수명을 예측하는 방법

- 응력 측정 : 스트레인 게이지를 이용하여 내부의 저항선의 전기 저항이 변화하는 성질을 이용하여 변형량을 측정하는 방법
- 응력 분포 해석 : 하중을 가하여 응력 분포를 구하는 방법
- 피로 수형 예측 : 균열 발생, 균열 진전으로 파괴를 예측하는 방법

6.6 윤활

6.6.1 기계 윤활

기계와 설비가 고정밀화, 고속 등의 발전이 진행됨에 따라, 마찰이 발생하고, 마찰이 크면 동력의 손실이 발생하며, 마모가 진행되고 동시에 부품들의 파괴가 진행된다.

마찰되는 부품(기계요소)간에 유막을 통해 마찰을 줄여 마모나 발열을 감소시킬 수 있으며 이를 윤활이라 한다. (두 접촉면 사이의 마찰을 줄이는 것)

마찰을 줄여주는 모든 물질을 윤활제라 하며, 초기에는 동, 식물성 지방유를 통해 윤활을 진행 했지만 현재는 원유가 윤활제의 원료로 사용되어지고 있다.

[기어의 윤활]

1) 윤활의 목적

윤활관리는 기계 설비의 윤활상태가 불량하기 때문에 발생될 수 있는 성능저하나 고장을 미연에 방지하여 기계의 성능 및 정밀도를 유지하고, 생산성 향상을 극대화 시키는데 있다.

- 설비가동율의 증대 및 설비 수명의 연장
- 유지비 및 동력 가동비용의 절감
- 윤활비용 (윤활제비 + 급유비)의 절감

윤활은 기계의 정기적 점검시 고장이나 성능 저하를 없애기 위해 윤활을 실시하며 생산성 향상 및 비용 절감에 기여하고 있다.

2) 윤활 적용

윤활은 기계가 필요로 하는 적정 윤활제를 선정하여 적합한 급유방법으로 적정 시기에 적정량을 급유하는 것을 원칙으로 하며 이를 윤활 관리의 4원칙이라고 한다. (적유, 적법, 적기, 적량)

윤활유를 선정할 때 고려하여야 할 사항은 윤활제의 점도, 열 및 산화안정성, 적합성, 부식성, 가연성, 유독성, 가격 등이 있다.

윤활 기능 중에서 감마작용의 비중이 대단히 크기 때문에 윤활유 선정시 가장 적합한 점도를 선정하는 것은 대단히 중요하다.

윤활유의 비중 :

윤활유는 기름 또는 윤활 재료 등에 이물질이 혼입 되었는지 여부를 확인하는데 사용된다.

$$\text{윤활유의 비중} = \frac{t(15\text{도})\text{도에서 시료 기름의 용적 무게}}{t(15\text{도})\text{도에서 동일 용적의 물의 무게}} = \frac{(15\text{드})\text{기름의 밀도}}{(15\text{도})\text{물의 밀도}}$$

점도 :

점도란 유체의 흐름을 나타내는 양으로 끈적임 정도를 표시하며 유체(액체)의 유동시 내부 저항으로 액체의 전단 속도가 있을 때 전단속도 방향의 수직면에서의 단위 면적에 따라 발생하는 전단응력의 크기로 나타낸다.

점도는 보통 Ps(푸아즈)와 cPs(센티푸아즈)로 단위를 나타내며 Newton.Second / m^2를 의미한다. (점도의 크기는 동점도 계수의 스토크(Stoke), 1St = ㎠/s로 표현)

점도지수는 온도의 변화에 따라 윤활유의 점도 변화를 나타내며 단위는 별도로 사용하지 않는다.

액체 윤활유의 경우 온도를 낮추게 되면 응고되어 액체의 유동성을 잃어버리기 때문에 최저 온도의 유동점과 온도가 높은 경우(인화점) 공기와의 혼합으로 인화성과 폭발성을 갖게 된다.

절대점도 : Poise(g/cm sec)
동점도 (Kinematic Viscosity) : Stokes (㎠/sec) 1 Stokes = 100 cSt (Centistokes)
절대점도와 동점도와의 관계 υ(동점도) = η(절대점도) / ρ(밀도)

열 안정성 (Thermal stability) :

윤활유의 온도가 상승하게 되면 열화 현상에 따라 탈색 및 점도가 변화한다. 윤활유의 산소와 결합하는 산화작용이 촉진되며 불안정한 상태가 된다.
윤활유가 특정 온도 이상 유지되면 첨가제를 추가해도 열적으로 크게 불안정화 되어, 윤활유를 분해되는 현상이 나타나며, 윤활유의 수명도 단축된다.

산화 안정성 (Oxidation stability)

윤활제와 첨가제가 공기, 물의 산소와 반응시 산화물질이 생성되어 화학적으로 불안정상태가 되며 마찰면에 나쁜 영향을 주기 때문에 윤활제를 정제할 때는 황, 산소, 질소와 같은 성분을 제거해야 한다.

온도가 높을수록 윤활제의 산화 현상이 촉진되고 정제와 첨가제를 이용한 산화억제 방식을 취한다.

윤활유가 고온에서 사용될 때는 정제된 산화 방지제를 첨가하여 사용해야 한다. 산화물이 생성되면 강이나 구리를 사용한 접촉면에서는 부식이 발생되고, 점도의 증가로 인해 산화 퇴적층이 형성되어 윤활기능을 떨어뜨린다.

적합성 (Compatibility)

윤활제는 기계장치에서 사용되고 있는 다른 재질들과 적합해야 한다.

밀봉재로서 널리 사용되는 고무의 경우 윤활유의 영향을 받으면 팽창되기도 하며, 구리, 청동, 항동과 같은 금속은 높은 온도에서 사용되고 있는 윤활제와 접촉시 산화물 생성이 크게 발생하여 적합성을 향상시키기 위하여 윤활제에 2가지 정도의 첨가제를 혼합하여 사용되기도 한다.

부식성(Corrosion)

부식성은 윤활제와 금속간의 부적합성을 나타내는 척도로 사용되기도 한다.

산화물질이 소량 포함된 경우도, 강이나 비철금속으로 만든 베어링 재질의 부식을 발생한다. 윤활제가 부식성 높은 환경에서 사용되는 경우 부식 방지용 첨가제를 넣어 사용하기도 한다.

가연성 (Flamibility)

윤활유는 사용시 연소가 되어서는 안되며 특히 항공기등과 같은 외부요인에 위험성이 있는 기계와 설비, 장치 등에서는 반드시 가연성에 따른 사고를 방지해야한다.

3) 윤활 급유법

윤활은 습동면과 기계 장치를 대상으로 마찰 손실 및 마모, 녹아 붙음 및 밀봉, 냉각, 방청 및 방진을 통해 기계설비를 관리함으로써 생산성 향상 및 마모 파손으로 인한 경비를 절감할 수 있다.

윤활을 통한 기계설비의 관리시 먼저 관리 대상 기계설비나 장치의 특성 및 윤활 조건을 확인하고 중요도에 따라 윤활 대상을 선정 후 윤활 유종 및 소비량, 급유 및 횟수, 재고 관리 및 재활용에 따른 경비를 파악하여 급유기를 통한 비용과 재고 관리를 실시해야 한다.

4) 윤활 작용

윤활제의 유막두께에 따라 극압 윤활, 유체 윤활, 경계 윤활로 나눌 수 있다.

유체윤활은 마찰 면 사이에 유체 점성 유막이 형성된 윤활상태로 마찰면이 분리되어 금속과 금속 사이의 윤활제가 균형을 이루어주는 상태이다.

경계윤활은 윤활부에 하중의 증가로 윤활제의 점도가 낮아져 유막의 두께가 얇아져 국부적으로 금속 접촉점이 발생하는 상태를 말한다.

극압윤활은 접촉 압력이 높아져 유막이 파단되어 융착과 소부 현상이 일어나는 상태를 말한다.

윤활은 금속표면에 유막을 형성하여 유동 부분의 마찰을 감소하는 감마작용, 윤활부위에 발생하는 열을 흡수, 외부로 방출하는 냉각작용, 윤활부분의 압력을 넓게 분사시키는 응력분산작용, 누설 및 외부 이물 침투를 방지하는 밀봉작용, 산화 생성물 및 슬러지 등을 윤활유상에서 분산하는 청정분산작용, 녹이 발생하는 것을 방지하는 방청작용의 기능을 가지고 있다.

5) 윤활제의 종류

윤활제는 액상의 윤활유와 반고체의 그리스 및 고체의 고체 윤활제로 분류된다. 액체 윤활제의 경우 광유계와 합성계, 천연 유지계 및 동·식물계가 있으며, 고체 윤활제의 경우 그래파이트, 흑연과 같은 고체, 그리스와 고체를 혼합한 반고체 혼합, 고체와 광유를 혼합한 액체 혼합계로 나눌 수 있다.

이중 충분한 점도와 산화나 열에 안정성이 높고 화학적으로 안정된 액상 윤활유가 가장 많이 사용되고 있다.

07 자동화 요소

7.1 액추에이터

액추에이터(Actuator)는 입력 신호나 제어 명령을 받아서 기계적인 움직임, 동작, 또는 작업을 수행하는 장치 또는 기기를 말한다.

액추에이터는 자동화 및 제어 시스템에서 중요한 역할을 하며 다양한 응용 분야에서 사용된다.

액추에이터는 하기와 같이 다양한 유형과 작동 원리를 가지고 있다.

1) 전기 액추에이터

전기 액추에이터는 전기 신호를 받아서 움직임을 생성하는 기기이며 전기 모터, 선형 액추에이터, 솔레노이드 밸브 등이 있다.

2) 유압 액추에이터

유압 액추에이터는 유체(일반적으로 유압 오일)를 사용하여 움직임을 생성하는 장치로 대형 부하 또는 고압 상황에서 사용되는 유압 실린더, 유압 모터 및 유압 밸브 등이 있다.

3) 공압 액추에이터

공압 액추에이터는 압축된 공기를 사용하여 움직임을 생성하는 장치로 공압 실린더, 공압 모터, 공압 밸브 등이 있다.

4) 피에조 액추에이터

피에조 액추에이터는 전기적인 신호에 의해 발생하는 소음 또는 진동을 사용하여 움직임을 생성하는 액추에이터의 유형으로 스피커, 초음파 발생기, 피에조 부저 등이 있다.

이러한 액추에이터는 자동차, 로봇, 로켓 엔진, 제어 시스템, 공장 자동화 및 다양한 기계 및 기기에서 사용되며 특정 작업을 자동화하거나 제어하기 위해 사용된다.

7.1.1 공압식 액추에이터

공압 선형 액추에이터는 압축공기를 이용하여 직선왕복 운동을 발생시켜 작업을 수행하는 기기로 유압 선형 액추에이터와 동일하나 사용하는 유체가 압축성이 있고 점성이 유압유와는 다르기 때문에 용도나 기기의 세부 설계구조가 다르다.

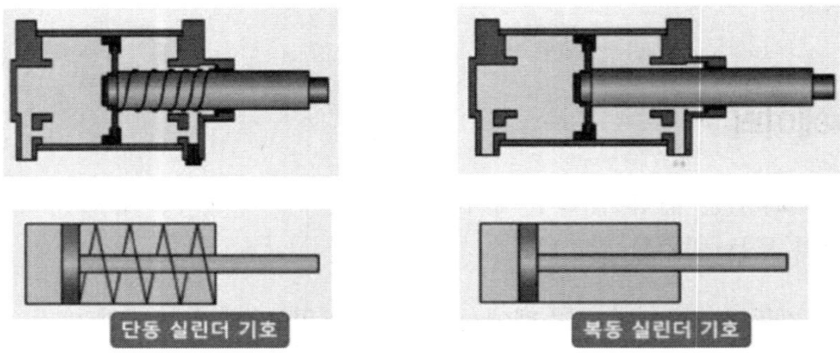

단동실린더(좌), 복동 실린더(우)

7.1.2 유압식 액추에이터

유압 선행 액추에이터의 동작원리는 공압 장치와 비슷하나 사용하는 유체가 비압축성이고 50 ~ 300 bar 정도의 높은 압력을 이용하기 때문에 설계구조면에서는 많은 차이점이 있다.

유압장치는 높은 압력을 사용하기 때문에 큰 힘을 낼 수 있고 비압축성 유체를 이용하기 때문에 정밀한 속도제어가 가능하고 정확한 위치제어가 가능한 장점이 있다.

유압식 액추에이터는 높은 압력을 사용하기 때문에 취급에 많은 주의가 필요하고 온도 변화에 따른 유체의 점도 변화가 심하고 최대속도가 0.5 m/sec로 매우 느리므로 빠른 속도를 필요로 하는 곳에는 이용할 수 없게 된다.

7.1.3 전기식 액추에이터

전원을 사용하여 플래밍의 왼손법칙에 따라 토크가 발생하고 기계적 운동을 얻는 액추에이터로 다음과 같은 종류가 있다.

• 전동 액추에이터
• 전기 모터
• 스테핑 모터

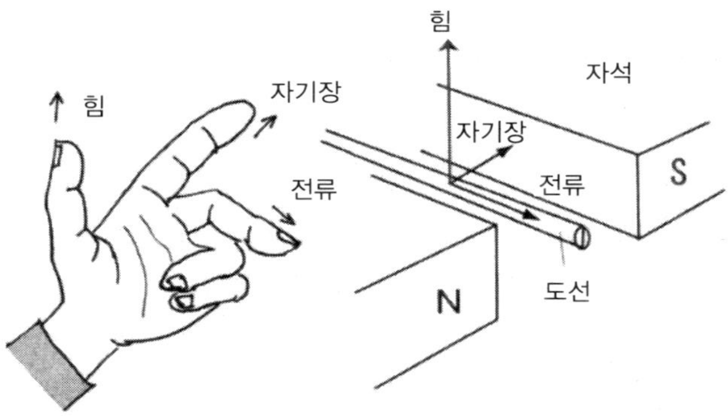

[플레밍의 왼손법칙]

7.2 전기, 전자

7.2.1 전류, 전위차(전압), 전압

전류(Electric current)는 전하의 흐름으로, 단면을 통하여 단위 시간 당 흐르는 전하의 양이다.

전자가 이동하는 것은 양극 사이의 전기적인 차이가 다르기 때문이며, 이를 전위(Electric Potential), 전위의 차이를 전위차(Potential Differnece) 또는 전압(Voltage)라고 한다.

연속적으로 전류를 흐르게 하기 위한 전압을 기전력(Electro Motive Force)라고 하며, 기전력을 발생시켜 전류를 공급하는 장치를 전원(Electric Power)라 한다.

7.2.2 직류, 교류

전류의 흐르는 방향이 변함이 없으며 시간적으로 일정한 전류를 직류(DC: Direct Current)라 하고, 전류의 방향과 크기가 시간에 따라 주기적으로 변화는 전류를 교류(AC: Alternating Current)라고 한다.

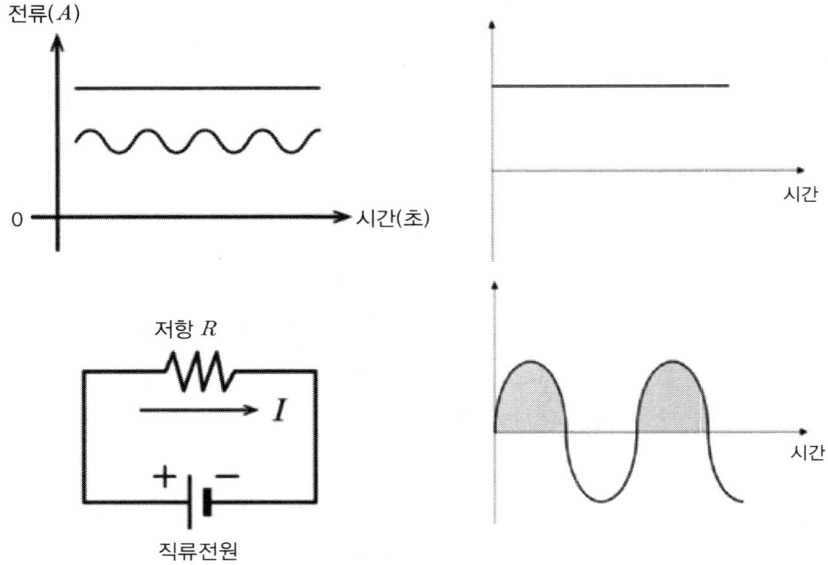

[직류(좌), 직류와 교류(우)]

(출처: 물리학과 첨단기술, 한국물리학회)

1) 직류 전원

도체의 단면을 1초동안에 흐르는 전기양을 일반적으로 전류라고 부르며, 그 단위는 암페어(A: Ampere)이다.
전압의 단위는 볼트(V: Volt)로 표현되며 도체에 전류가 흐르는 것을 방해하는 성질을 저항(Resistance)이라 하며 단위는 옴(Ω: ohm)이다.

2) 전압과 전류의 관계

전압의 크기는 전압계(Voltmeter)를 사용하여 측정 할 수 있으며, 전류의 크기는 전류계(A)를 사용하여 측정 할 수 있다.

전압과 전류의 비를 전기저항(Electric Resistance)으로 나타낼 수 있다.

시스템 내의 순간 소모되는 에너지 및 요소 부품 중에서 직류 전원을 확인하고, 적합한 용량을 확인하는 것이 필요하며 그 합인 전력을 산출하여 DC파워를 선정하는 것이 필요하겠다.

직류 전력 P(W)은 전압과 전류의 곱인 $P = V \times I$ 로 확인될 수 있다.

3) 교류

시간에 따라 크기와 방향이 변화하는 교류 전원이 사용되고 있다.

교류 전력은 전압과 전류의 순시값의 곱을 1사이클 동안 평균값으로 나타내며 교류전력 P(W)은 $P = V \times I \cos \theta$로 나타낼 수 있다.

시스템 내부에서 전원이 동일한 경우는 문제가 없지만, 시스템내의 전원이 다른 경우, 변압기를 이용하여 사용하고자 하는 전원으로 변경하여 사용하는 경우도 있다.

4) 반도체 소자

전력, 전자분야에서는 주로 반도체 소자가 사용된다.

- 다이오드 (Diode)
- 트랜지스터 (Transistor)
- FET (Field Effect Transistor)

낮은 전압을 사용하여 전자의 흐름을 제어하는 전자공학에서 도체와 절연체의 양쪽 특성을 갖는 반도체는 유용한 재료이다.

그중 트랜지스터(Transistor)는 오늘날 전자공학의 기본적인 제어와 스위칭 장치로 사용되고 있다.

5) 다이오드 (Diode)

P형과 N형 반도체를 사용하는 전자부품이다.

다이오드는 2개의 층(하나는 P형, 다른 하나는 N형)을 갖고 있으며, 층들 사이의 영역을 접합이라고 부른다.

이 접합 영역으로 인해, 오직 한 방향으로 전자들이 흐르게 된다.

다이오드의 음(N형)극 단자가 양의 전류 소스와 연결되면 전자들이 양의 소스로 끌려가게 되어, 접합영역이 열린다.

다이오드의 양(P형)극 단자가 음의 전류 소스와 연결되면, 전자들이 음의 소스로 끌려가게 되어 회로를 통해 전류가 흐르지 않는다.

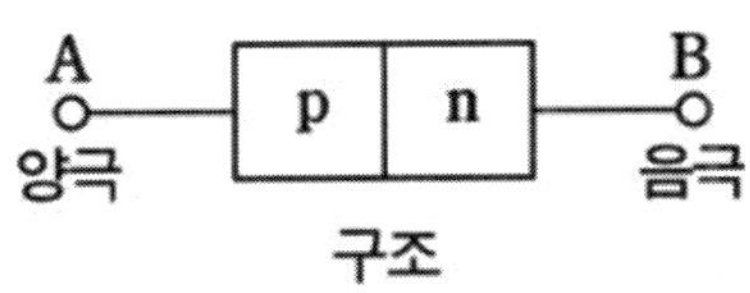

[다이오드 구조 도식]　(출처: 물리학과 첨단기술, 한국물리학회)

6) 트랜지스터 (Transistor)

3개의 반도체를 결합하여 대량의 전류 흐름을 제어하기 위해 소량의 전류를 이용한 소자이다.

트랜지스터는 소자의 결합에 따라 NPN형 트랜지스터와 PNP형 트랜지스터가 있다.

중앙층의 접속을 베이스(Base), 다른 두층을 각각 콜렉터(Collector), 이미터(Emitter)라고 부른다.

전자들이 '콜렉터'단자에서 수집되면 '베이스'단자의 미소전압에 의해 반도체가 도체로 바꾼다.

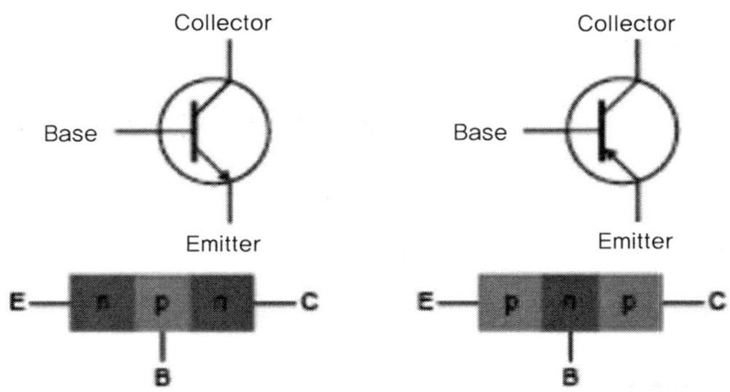

[NPN 트랜지스터 기호(좌), PNP 트랜지스터 기호(우)]

(출처: 물리학과 첨단기술, 한국물리학회)

7) 서보 증폭기

서보모터를 구동하기 위해 모터에 입력되는 전력을 제어하는 전자 회로부를 서보 증폭기 또는 구동회로라고 한다.

로봇이나 수치제어기, 자동화기기 등과 같은 제어용 기기들에 사용되며 선형 서보 증폭기와 PWM 서보 증폭기로 구분 할 수 있다.

8) 인버터 (Inverters)

인터버는 직류전력을 교류전력으로 변환하는 전력변환기로서 직류로부터 원하는 크기의 전압 및 주파수를 갖는 교류를 발생한다.

인버터는 전기적으로 DC성분을 AC전분으로 변환하는 장치이다.

한국전력에서 공급하는 전기는 60Hz의 상용주파수를 가지고 있으며 이를 그대로 4극 모터에 공급한다면 모터의 최대속도는 1800 rpm 회전하게 된다.

인버터를 사용하면 전원의 주파수를 바꿔 원하는 속도로 모터를 회전 시킬 수 있다.

예를 들어 출력 주파수를 1Hz로 조정하면 모터는 30 rpm으로 회전하고, 주파수는 2 Hz로 조정하면 모터는 60 rpm으로 회전하게 될 것이다.

인버터를 사용시, 필요 양의 전력만 사양 할 수 있어 에너지의 절약, 컨베이 벨트 구동시 벨트 속도를 빠르게 혹은 느리게 조정 가능하여 제어가 용이해 주며, 자동화 적용시의 품질과 생산성의 향상을 기대할 수 있다.

또한 구동기의 진동에 대한 안정화와 구동 기계의 정지, 저속 운전이 가능하여 유지 보수성을 높일 수 있는 장점을 가지고 있다.

- 전압형 인버터
  : 교류전원을 사용할 경우 교류측 변환기 출력의 맥동을 줄이기 위해 LC 필터를 사용하며 이 경우를 전압형 인버터라 부른다.
- 전류형 인버터
  : DC Link 양단에 평활용 콘덴서 대신에 리액터 L을 사용
  인버터는 출력 상수, 입력전원의 현태, 출력파형의 형태, PWM 방식에 따라 여러 가지로 구분할 수 있다.

7.2.3 마이크로 프로세서

수치적인 데이터를 디지털 방식으로 취급하도록 만들어진 단일칩(Single Chip)을 마이크로 프로세서라고 한다.

7.2.4 디지털 전자공학

트랜지스터가 발명되기 전에 모든 전기장치들은 아날로그적 시스템으로 동작 되어졌다.

아날로그적 시스템으로 정확하지 않았던 입력과 출력 신호를 사용하였다.

아날로그의 예로 바늘이 부착된 회전시계를 들 수 있으며, 현재 대다수의 전자기기들은 ON / Off의 직관적인 형태의 출력을 가진 숫자들로 이루어져 있다.

숫자 시스템의 경우 정보나 수치적인 값을 전달하기 위해 사용하는 코드들로 이루어져 있다.

예 : 2진법과, 10진수를 표현하기 위한 10진법 (Decimal system)

7.2.5 논리 게이트

논리게이트(Logic gate)는 0 또는 1의 출력을 나타내기 위해 0, 1의 입력 신호를 사용한다. 0과 1의 2진수는 각각 'ON', 'OFF'를 나타낸다.

논리게이트의 입력과 출력이 진위표(Truth Table)라고 불리는 도표상에 표시 될 수 있다.

논리게이트는 AND, OR, XOR, NOT 게이트가 있다.

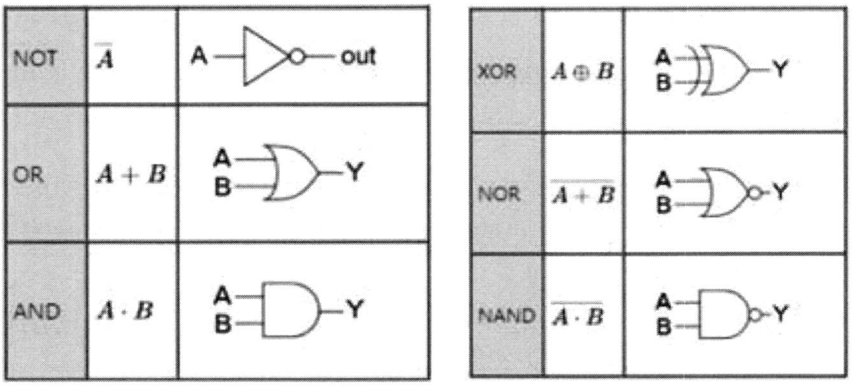

[논리게이트]

7.2.6 집적회로

집적회로(IC: Integrated circuit)는 매우 작은 양의 반도체 재료 안에 전기회로를 포함한 전자부품이다.

회로는 트랜지스터, 저항, 다이오드, 또는 커패시터들을 포함한다.

집적회로의 칩형태는 이중정렬 패키지(DIP: Dual in line package), 격자 배열된 핀(PGA: Pin in grid array), 심(SIMM: Single in line memory midule), 싱글 인라인 패키지(SIP: Single in line package)등이 있다.

7.2.7 시퀀스 제어

시퀀스 제어란 미리 정해진 순서에 따라 제어의 각 단계를 순차 진행해 나가는 제어이다.

교통 신호, 전자동 세탁기 등 제어 기술이 널리 응용되고 있다.
자동화를 시작하기 위해 시퀀스 제어를 기초로 시퀀스 회로의 기본 구성, 릴레이에 의한 제어방법, 프로그래머블 컨트롤러등의 기술이 있다.

7.2.8 PLC

PLC(Programmable Logic Controller)란 기존에 사용하던 제어반에 사용하는 릴레이, 타이머, 카운터 등의 요소를 IC, 트랜지스터 등의 반도체 소자로 대체 시켜 소형화하고, 순차 제어 기능과 수치 연산기능을 추가하여 프로그램 제어가 가능하도록 한 프로그램 방식의 산업용 컴퓨터이다.

디지털 또는 아날로그 입 . 출력 모듈을 통하여 논리연산, 순차 제어, 타이밍, 카운팅, 연산과 같은 특수한 기능을 수행하기 위하여 프로그램 가능한 메모리를 사용하고 여러 종류의 자동화기기 제어하는 전자 제어 장치이다.

7.2.9 PLC의 구성

PLC는 마이크로프로세서(microprocessor) 및 메모리를 중심으로 구성되어 인간의 두뇌 역할을 하는 중앙처리장치(CPU), 외부 기기와의 신호를 연결시켜주는 입·출력부, 각 부에 전원을 공급하는 전원부, PLC내의 메모리에 프로그램을 기록하거나 메모리의 내용을 읽어오는 주변 기기로 구성되어 있다.

베이스 모듈

PLC 전원 장치, CPU, 입출력 장치, 인텔리전트 모듈과의 전기적 신호 연결과 각종 장치에 전원을 공급하는 역할을 하는 모듈

전원 모듈

PLC의 CPU와 입출력 장치, 인텔리전트 모듈 등에 필요한 DC 5V의 전원을 공급하는 모듈

CPU 모듈

마이크로프로세서(microprocessor), 시스템 메모리(system memory), 프로그램 메모리(program memory), 데이터 메모리(data memory) 등으로 구성된 제어 모듈

입력 모듈

외부 스위치, 센서 등으로부터 입력 신호를 받아들이는 모듈

입력 점수와 입력 전압의 종류에 따라 구분하며 “+COM 타입(소스타입)과 -COM 타입(싱크타입)”이 있다.

국내에서는 +COM 타입(소스타입)이 많이 사용된다.

출력 모듈

출력 형식에 따라 relay 출력, TR 출력(NPN, PNP)으로 나눈다.

On, Off 신호를 작동 기기에 출력하여 기계 장치를 동작시킨다.

인텔리전트 기능 모듈

일반적인 입출력이 아닌 특수한 기능을 지원하는 모듈

A/D (Analog Digital) 변환 모듈

외부의 전압 또는 전류의 아날로그 신호를 받아서 PLC의 CPU에서 처리 가능한 디지털 값으로 변환하는 기능이 있다.

위치 결정 모듈

서보 모터나 스테핑 모터에 의한 정밀한 모터 제어를 위해 사용

고속 카운터

PLC의 CPU와 독립적으로 펄스를 카운팅하여 위상차 10 μs 이하의 펄스를 카운팅

PID 제어

제어 변수와 기준 입력 사이의 편차에 근거하여 계통의 출력이 기준 전압을 유지하도록 하는 feedback 제어의 일종

네트워크 및 통신 관련 기능 모듈

PLC가 주변 기기와 정보를 주고받거나, I/O를 손쉽게 확장하는 일반적인 방법이 통신 기능이다. Ethernet 통신 모듈, Serial 통신 모듈 등이 이에 해당된다.

7.2.10 PC기반 제어

PLC 제어 방식 대신에, PC와 소프트웨어 패키지를 사용하여 PLC가 하던 모든 역할을 할 수 있도록 한 것이다.

1) 구성 요소

제어 시스템 실시간 커널/리얼 타임 OS, 통신 시스템, 리모트 I/O, GUI(Graphic User Interface).

2) 제어기기

상품화된 하드웨어와 소프트웨어 제품군으로 산업용 표준 규격을 준수해야 함.

3) API (Application Programming Interface) 모듈

Plug & Play 개념으로 완성되는 제어기기 구조의 중요한 계층으로 정의되며 다양한 공급자를 통해 제공된다.

4) 제어기기 기반

하드웨어, 운영 체계와 명령어, 작동 상태 및 데이터 등과 같은 송수신 정보로 타 구성원과 상호 간에 처리되는 시스템 계층을 기반으로 구성된다.

5) 정보 기반

실시간 데이터베이스 모듈이며, 이는 저장과 최신화, 시스템 정보의 공유와 적절한 운영에 필요한 공정 및 기계에 필요한 정보를 처리한다.

6) 휴먼 인터페이스

사용자가 제어기기와의 상호 작동 처리를 제공한다.

PC기반 제어는 고성능의 PC CPU를 이용해 빠른 연산 수행이 가능하며 개방형 구조 시스템과 네트워킹(ERP, MES)의 IT기반 기술들과 쉽게 융합될 수 있는 프로그래밍 툴(컴퓨터 언어) 및 원격 프로그래밍, 윈도우 운영 체제와 설치 및 유지비가 저감되는 장점이 있다.

7.2.11 서보 기구 제어

물체의 위치, 방위, 자세 등 제어량으로 목표치의 임의의 변화에 추종하도록 구성된 제어계를 서보 기구 제어라 한다.

공작기계의 제어나 자동 평형계기 등에서 사용되고 있다.

서보입력과 서보출력의 편차를 검출하고, 그 편차를 서보증폭기로 증폭하여 서보모터를 움직여서 편차가 0이 되도록 입력 쪽에 출력을 되먹여서 서보출력을 가감한다. 이 경우 서보입력과 서보출력인 위치 P는 비례하게 된다.

서보입력으로 계측량을 입력하고 서보출력으로 지침의 위치를 알도록 한 것이 자동평형계기이다.

서보기구는 유압시스템에도 사용되며 이를 유압서보라고 한다.

100W를 넘는 큰 출력의 것을 파워서보, 작은 것을 계기서보라고 하며 서보모터의 종류에 따라 전기식 · 유압식 · 전기-유압식 서보가 있다.

서보기구는 다른 자동제어계에 비해 입력에 대한 응답이 빠른 것과 제어루프 속에 적분기구가 들어 있는 것이 특징이다.

7.3 유공압

7.3.1 공압 기기

자동화기기가 일을 하기 위하여 사용하는 에너지는 전기, 유압, 공기압이 있으며 에너지원에 따라 전기 기계, 유압 기계, 공기압 기계로 구분하여 분류할 수 있다.

공기압 기계의 구성도 기계의 구성에 대응하여 필요한 구성요소는 다음과 같다.

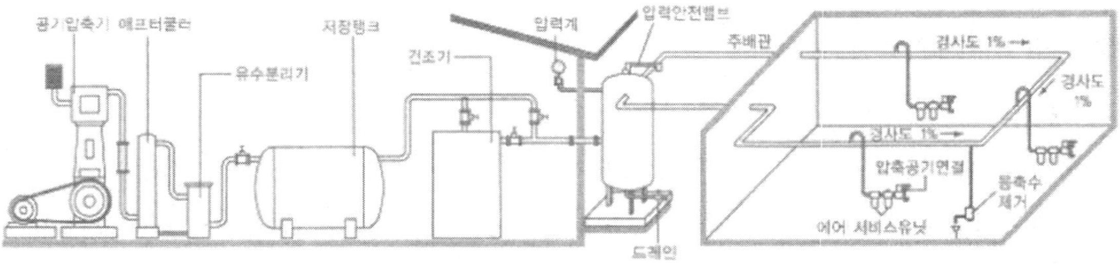

[공압 제어와 구성요소]

1) 공기 압축기 (air compressor)

공기 압축기는 공기의 부피를 적게 하여 압력을 높이는 방법의 피스톤형 공기 압축기(piston compressor)와 공기를 한 방향으로 계속 흐르게 하여 저장탱크와 같은 장치에서 공기의 압력을 높이는 방법인 터빈형 공기 압축기(turbine compressor)로 구분한다.

일반적으로 대용량의 압축공기를 사용하는 경우 공기 압축기의 효율을 고려하여 여러 대의 공기 압축기를 사용한다.

2) 애프터쿨러 (after cooler)

애프터쿨러는 공기 압축기에서 생산된 압축공기의 온도를 낮추는 장치이다. 온도를 낮추면 압축공기에 포함되어 있는 수분의 응축으로 일부의 수분을 제거할 수 있다.

3) 유수분리기

유수분리기는 압축공기 중에 포함되는 윤활유 찌꺼기 등 기름 성분을 제거하는 장치이다.

4) 저장탱크

저장탱크는 압축공기를 저장하는 장치로 저장성이 좋은 압축공기 에너지의 특성으로 인하여 한 장소에서 압축공기를 생산하고 여러 곳의 사용처로 분배할 수 있다.

5) 건조기

건조기는 압축공기를 사용하는 곳에서 응축수가 발생하지 않도록 압축공기 중의 수분을 제거하는 장치이다.

6) 주배관

주배관은 생산된 압축공기를 여러 곳의 사용처로 보내는 배관이다.

압축공기가 주배관을 통하여 단위 공장 안으로 공급되면 각 단위기계로 압축공기를 공급하기 위하여 배관이 설치된다.

압축공기 중의 불순물을 제거하기 위해서 1% 정도의 경사도를 가지고 설치한다.

7) 에어서비스유닛

에어서비스유닛은 압축공기를 사용하는 기기로 압축공기를 공급할 때 고형입자나 응축수 등을 제거하고 압력을 조정하며 필요한 경우 윤활유를 공급하기 위하여 사용된다.

일반적인 에어서비스유닛은 이와 같은 기능을 만족하기 위하여 필터(filter), 감압밸브(pressure reducing valve)와 윤활기(lubricator)로 구성된다.

8) 필터(filter)

필터는 미세한 기공을 가진 필터 엘레멘트(filter element)와 디플렉터(deflector)를 통과하여 회전하는 공기의 원심력을 이용하여 압축공기 중 이물질을 분리한다.

필터는 수직으로 설치하여 이물질을 아래쪽의 응축수 용기에 모은다.

응축수 용기의 배수장치는 주기적으로 열어서 이물질을 제거하여야 한다.

일반적으로 사용하는 필터 엘레멘트는 40㎛이며 필터는 6개월에 1회 정도 청소하여 사용하거나 교환하여야 한다.

필터 엘레멘트의 분리는 먼저 응축수 용기를 왼쪽으로 돌려 제거하고 필터 엘레멘트 아래

쪽 너트를 풀면 분리가 가능하다.

9) 감압밸브(pressure reducing valve)

감압밸브는 압력조정기(pressure regulator)라고도 하며 밸브를 통과하여 나가는 공기의 압력을 낮추는 역할을 한다.

압력 설정 핸들을 잠그면 압력은 상승하고 압력설정 핸들을 열면 압력은 하강한다.

감압밸브에서 압력조정 핸들을 돌리는 것은 밸브 내부에 설치되어 있는 스프링의 힘을 조절하는 것이다.

압력조정 핸들을 잠그면 스프링에 압력을 가하게 되어 스프링의 힘이 세지고 반대로 풀면 스프링의 힘이 약해진다.

조정된 스프링의 힘과 공기의 압력을 비교하여 압력을 조절한다.

10) 윤활기(lubricator)

윤활기는 벤튜리(venturi)원리를 응용하여 윤활기를 통과하는 압축공기에 오일 미스트(oil mist)의 형태로 윤활유를 공급한다.

윤활유는 실린더 운동시 피스톤과 실린더 내벽과의 마찰에 영향을 주어 원활한 운동을 하도록 한다.

윤활기는 실린더의 크기가 크거나 빠른 속도로 운동하는 액추에이터에서는 필수적으로 사용한다.

윤활기를 사용하는 경우 공장 내 대기 환경에 영향을 주므로 사용에 많은 제한을 두고 있다.

윤활기를 사용하지 않는 경우 무급유형의 실린더를 사용하여야 하며 한 번 윤활기를 사용하면 윤활유가 떨어지지 않도록 주의하여야 한다.

윤활유의 보충은 윤활기 아래의 투명한 용기를 왼쪽으로 돌리면 분리되며 분리된 용기에 윤활유를 보충하여 다시 조립한다.

진리표 · 논리식 · 논리 기호 · 공기압 회로 · 전기 회로

I	O
0	0
1	1

$O = I$

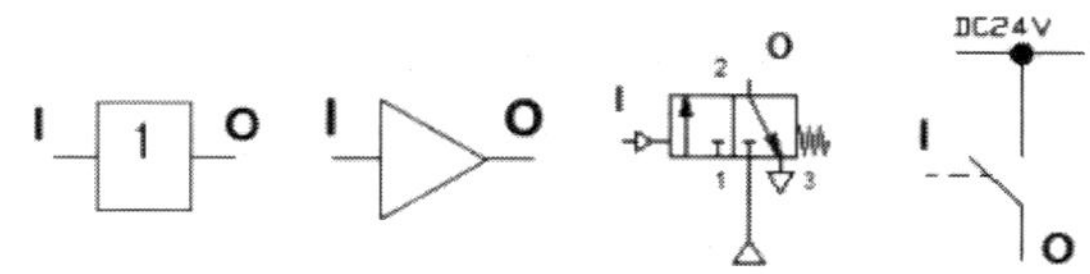

진리표 · 논리식 · 논리 기호 · 공기압 회로 · 전기 회로

I	O
0	1
1	0

$O = \bar{I}$

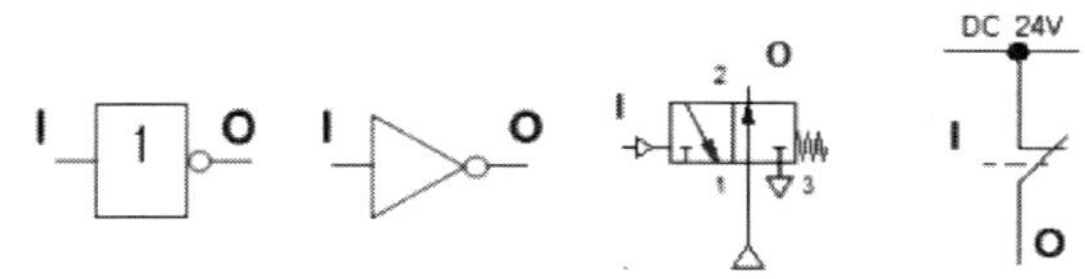

진리표 · 논리식 · 논리 기호 · 공기압 회로 · 전기 회로

X	Y	A
0	0	0
0	1	0
1	0	0
1	1	1

$A = X \cdot Y$

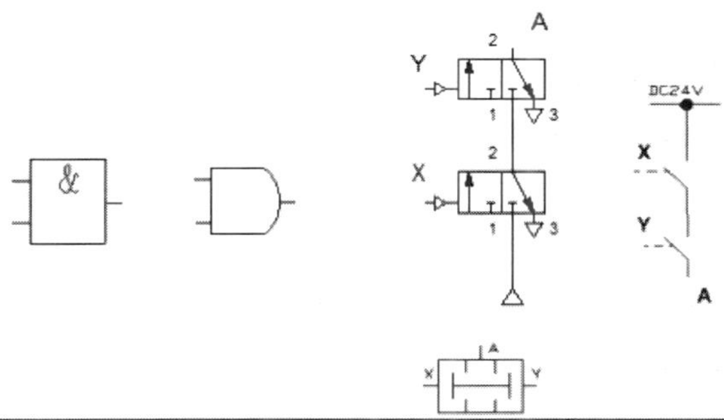

[논리기호와 공압, 전기 회로 비교]

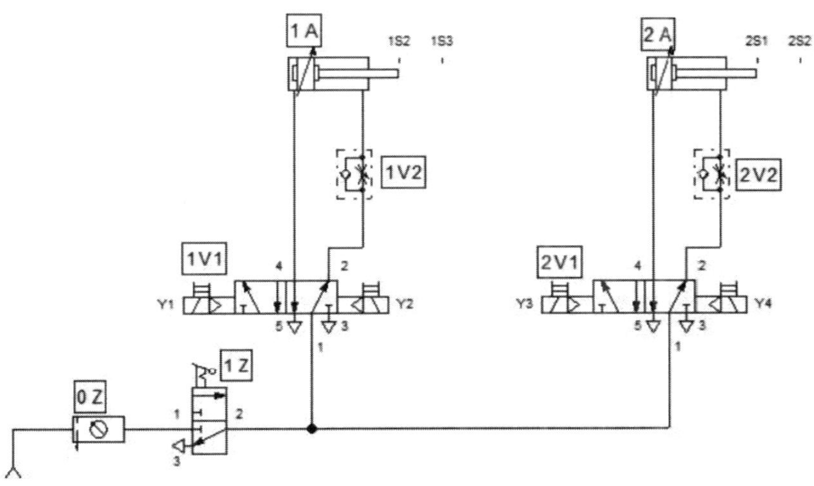

[공압회로]

7.3.2 유압 기기

유압 시스템은 사용 분야에 따라 크게 공작기계 등에 적용하는 고정식 유압시스템(stationary hydraulic system), 굴삭기와 같은 건설기계 등에 응용하여 사용하는 이동식 유압시스템(mobile hydraulic system)과 항공기 유압시스템(plane hydraulic system)으로 구분 한다.

유압시스템은 각 기계나 설비 장치마다 각각의 동력원(기름 탱크, 유압 퍼프 등)과 액추에이터(실린더, 모터), 액추에이터의 동작을 제어하는 밸브와 배관 등으로 구성되어진다.

유압 동력원은 전동기의 기계적 에너지를 유압펌프에 의해 유압에너지로 변환 시키며 이때 탱크에 저장되어 있는 유압유를 순환시켜 사용한다.

유압시스템의 구조를 살펴보면 유압펌프에 의해 탱크에 저장된 유압유를 흡입한다.

그 후 펌프 출구에서 토출된 유압유는 파이프를 통하여 유압모터나 유압실린더에 전달된다.

액추에이터에 전달되는 힘의 크기는 릴리프 밸브의 설정 압력에 따르며 방향제어 밸브와 유량제어 밸브의 조절에 따라 작업 방향과 속도가 결정된다.

① 저장 탱크

② 릴리프 밸브

③ 방향제어 밸브

④ 유량제어 밸브

⑤ 액추에이터 (유압모터, 유압실린더)

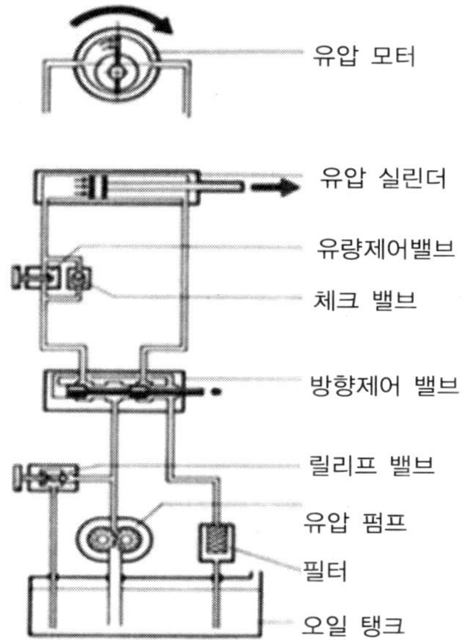

[유압시스템 구조]

7.4 자동제어

제어계(제어계통, 제어 시스템; Control system)는 어떤 목적을 가하여 소정의 결과를 얻어내기 위한 장치 또는 공정을 말한다.

목적은 입력(input) 또는 동작신호(actuating signal)를 의미하며, 결과는 출력(output) 또는 제어변수(controlled variables)를 말한다.

제어계 중 자동차의 운전제어를 예로 들면, 입력은 핸들 조작(자동차 구동바퀴 방향)이고 출력은 진행 방향이 된다.

입력이 가속페달조작이라면 이때의 출력은 속력이 되어 원하는 방향과 속력으로 자동차는 원하는 속도를 내며 운전되는 것이다.

제어계중 하나 이상의 입출력을 갖는 계통을 다중 입출력 제어계라 한다.

엔진, 구동장치, 현가장치 등의 결합인 자동차의 모든 구성요소를 제어계라고 한다.

제어란 원하는 목적값을 입력하여 출력이 그 원하는 목적값을 따라가게 하기 위하여 제어계라는 상태를 조작하는 것이다.

일반적으로 제어(control)란 어떤 물체의 형태나 현상의 추이를 자신의 의지대로 지배하는 일이다.

어떤 목적에 적합하도록 제어 대상에 적당한 조작 또는 동작을 주는 것을 제어라고 한다.

제어를 사람이 개입하여 하는 것을 수동제어(manual control)라 하고, 사람의 개입 없이 제어장치에 의해 자동적으로 수행되는 제어를 자동제어(automatic control)라 한다.

제어장치란 제어 대상에 조합되어 제어를 수행하는 것을 말하며, 이 제어대상과 제어장치를 주체로 하는 하나의 목적을 가진 체계를 제어계라 한다.

1) 제어

조작 또는 동작 등에 의하여 어떤 목적에 적합하도록 양의 증감, 또는 상태의 변화를 갖게 하든가, 양 또는 상태를 일정하게 유지하는 것

2) 조작

입력 또는 그 외의 방법에 의해 소정의 운동을 하게 하는 것.

3) 동작

어떤 원인이 주어짐에 따라 소정의 작용을 하는 것.

4) 조정(조절)

상태를 일정하게 유지하거나, 또는 일정한 기준에 맞춰 변화시키는 것.

7.4.1 제어계

제어계는 궤환(되먹임; feedback) 여부에 따라 개루프 제어계(비궤환제어계; openloop control system)와 폐루프제어계(궤환제어계; closedloop; feedback control system)의 두 가지 방식이 있다.

1) 개회로 제어계

개회로 제어계는 간단하고 복잡하지 않으나 제어동작이 출력과 관계가 없어 오차가 생길 수도 있고, 오차가 발생 되었다 하더라도 이를 정정할 수 없는 단점이 있다.

미리 정해 놓은 순서에 따라 제어의 각 단계를 순차적으로 진행시키는 것으로 시퀀스 제어(sequential control) 라고도 한다.

시퀀스 제어에는 순서제어, 시한제어 및 조건제어 등으로 나뉘어 진다.

순서제어는 제어의 각 단계를 순차적으로 실행하는데 있어 각각의 동작이 완료 되었는지의 여부를 검출기 등으로 확인한 후 다음 단계의 동작을 실행해 나가는 제어로서 컨베이어(conveyor)장치, 전용 공작기계, 자동 조립기계 등과 같은 주로 생산공장에서 많이 적용되는 제어이다.

시한제어는 검출기를 사용하지 않고 시간의 경과에 따라 작업의 각 단계를 진행 시켜 나가는 제어로서, 가정의 세탁기 제어나 교통 신호기 제어, 네온사인(neon sign)의 점등 및 소등 제어등이 있다.

조건 제어는 입력 조건에 상응된 여러 가지 패턴제어를 실행하는 것으로서, 자동화 기계 등에서 각종의 위험 방지조건이나 불량품 처리 제어, 빌딩이나 아파트의 엘리베이터(elevator) 제어 등에 주로 적용된다.

시퀀스 제어계는 제어 대상의 규모, 제어의 방법 등에 따라서 간단한 제어에서부터 복잡하고 큰 것까지 넓은 범위에 적용되고 있다.

- 제어계의 구성이 간단하다.
- 조작이 쉽고 고도의 기술이 필요치 않다.
- 설치 비용이 저렴하다.

2) 폐회로 제어계

폐회로 제어계는 정확하고 신뢰성 있는 제어를 실현하기 위해 제어계의 출력값이 항상 목표값과 일치하는가를 비교하여 만일 일치하지 않을 때에는 그 차이 값에 비례하는 동작 신호가 제어계에 다시 보내져서 오차를 수정하도록 하는 귀환경로를 가지고 있는 제어계이다.

귀환 경로가 있기 때문에 이러한 제어계를 피드백 제어계(feedback control system)라고도 한다.

피드백 제어계는 제어 목적에 따라서 정치제어와 추치제어가 있다.

제어량의 성질에 따라서도 서보제어, 프로세스 제어, 자동 조정 등으로 분류된다.

조절부의 동작에 따라서도 비례제어(P동작), 비례 적분제어(PI동작), 비례 적분 미분제어(PID동작)가 있다.

정치제어란 온도제어와 같이 제어량을 어떤 일정한 목표값으로 유지하는 것을 목적으로 하는 제어이고, 임의의 시간적 변화를 하는 목표값에 제어량을 추종시키는 것을 목적으로 하는 제어법을 추치제어 또는 추종제어라고 한다.

제어량의 성질에 의한 분류 중 서보제어는 물체의 위치, 방위, 자세 등의 기계적 변위를 제어량으로 해서 목표값의 임의의 변화에 추종하도록 구성된 제어계를 말하며, 비행기나 선박의 방향 제어계, 미사일 발사대의 자동 위치 제어계, 자동 평형 기록계 등이 이에 속한다.

프로세스 제어는 제어량이 온도, 압력, 유량, 레벨, 농도, 밀도 등이며, 생산공정 중의 상태량을 제어량으로 하는 제어로 프로세스에 가해지는 외란의 억제를 주 목적으로 한다.

온도나 압력 제어장치 등이 대표적인 프로세스 제어의 예이다.

자동조정은 정전압 장치나 조속기제어에서와 같이 전압, 전류, 주파수, 회전속도, 힘 등 전기적, 기계적 양을 주로 제어하는 것으로써 응답속도가 대단히 빠른 것이 특징이다.

부록

요약/기본 용어

1 기계가공 기본용어

1.1 절삭 가공의 기계적 성질

- 강도 (strength) : 일정 하중에 대한 인장강도, 압축강도, 굽힘강도, 비틀림강도, 전단강도 등
- 인성 (toughness) : 재료의 저항성으로 충격에 대한 연성이나 취성
- 경도 (hardness) : 표면 경도, 마모 저항 등
- 피로강도 (fatigue strenght) : 동적 하중으로 생기는 각종 피로강도
- 연성 (ductility) : 물체가 탄성한도를 초과하여도 파괴되지 않고 신장되어 소성적으로 변하는 성질을 말함
- 전성 (malleability) : 넓게 퍼지는 성질
- 취성 (brittleness) : 잘 부서지는 성질 = (메짐성)

1.2 비절삭 가공에 이용되는 기계적 성질

- 용해성 (fusibility) : 금속을 고온으로 가열하게 되면 용체가 되는 성질
- 소성 (plasticity) : 어떤 재료에 하중을 가하여 변형을 일으켰을 때 원래의 형태대로 되돌아 오지 않는 성질
- 용접성 (weldability) : 금속을 납땜, 경납땜, 용접 등의 방법으로 접합하는 성질

1.3 특수 비절삭 가공

- 전조 : 나사 제작에 사용되는 나사 전조(thread rolling)와 기어 제작에 사용되는 기어 전조가 있다.
- 전해연마 : 전기 화학적인 방법으로 표면을 매끈하게 만드는 방법
- 초음파 가공 (ultrasonic machining) : 초음파를 사용하여 가공하는 방법
- 방전 가공 (electric spark machining) : 전기적인 방법으로 액중에서 스파크를 발생시켜 가공하는 방법
- 버니싱 (burnishing) : 정밀한 구(ball)을 통과시켜 정밀하게 가공하는 방법

1.4 공작 기계

- 나사깎기 작업 : 탭과 다이스를 이용하는 작업
- 공작기계의 구비조건
- 절삭가공 능력이 좋을 것
- 제품의 치수 정밀도가 좋을 것
- 동력 손실이 적을 것
- 조작이 용이하고 안전성이 높을 것
- 기계의 강성이 높을 것
- 공작기계의 3대 기본 운동
- 절삭 운동, 이송 운동, 조정 운동
- 공구의 수명을 판정하는 방법
- 공구 날끝의 마모가 일정량에 달했을 때
- 완성 가공면 또는 절삭 가공한 직후에 가공표면에 광택이 있는 색조나 반점이 생길 때
- 완성 가공된 치수의 변화가 일정 허용범위에 이르렀을 때
- 절삭저항의 주분력에는 변화가 없으나 배분력 또는 횡분력이 급격히 증가하였을 때
- 절삭 공구 재료의 구비조건
  - 피절삭재보다 굳고 인성이 있을 것
  - 절삭가공 중 온도상승에 따른 경도저하가 적을 것
  - 내마멸성이 높을 것

- 쉽게 원하는 모양으로 만들 수 있을 것
- 가격이 저렴할 것

• 선반의 구조
- 주축대
- 왕복대 : 새들과 에이프런으로 구성
- 심압대 : 배드 위에서 일감의 길이에 따라 임의의 위치에서 고정할 수 있으며 드릴, 리머 등을 끼워 가공할 수 있는 선반의 주요 부분
- 베드

• 선반
- 주축에 고정한 일감을 회전시키고 여기에 공구를 전후, 좌우 방향으로 이송시켜 가공하는 공작기계
- 일감이 회전운동을 하며 외경, 내경을 주로 가공하는 공작기계
- 주을 중공축으로 제작하는 이유는 무게를 감소시키고 긴 재료를 가공하기 위해

• 선반의 종류와 특징
- 보통선반 : 가장 일반적으로 베드, 주축대, 왕복대, 심압대, 이송기구 등으로 구성

- 탁상선반
  · 탁상 위에 설치하여 사용하도록 되어 있는 소형의 선반
  · 구조가 간단하고 이용범위가 넓다.
  · 시계, 계기류 등의 소형물에 사용

- 모방선반
  · 제품과 동일한 모양의 형판에 의해 공구대가 자동으로 이동하며, 형판과 같은 윤곽으로 절삭하는 선반
  · 형판 대신 모형이나 실물을 이용할 때도 있다.

- 터릿선반
  · 보통 선반의 심압대 대신 여러 개의 공구를 방사상으로 설치하여 공정 순서대로 공구를 차례로 사용할 수 있도록 되어 있는 선반
  · 터릿은 모양에 따라 6각형과 드럼형이 있다.
  · 6각형이 주로 사용

- 공구선반
  · 주로 절삭 공구 또는 공구의 가공에 사용

· 정밀도가 높은 선반
· 테이퍼 깎기 장치, 릴리빙 장치가 부속되어 있다.
· 주로 저속 절삭작업을 한다.

- 차륜선반
· 철도 차량 차륜의 바깥 둘레를 절삭하는 방법

- 차축선반
· 철도 차량의 차축을 절삭하는 선반

- 나사절삭선반
· 나사를 깍는데 전문적으로 사용되는 선반

- 리드스크루선반
· 주로 공작기계의 리드 스크루를 깎는 선반
· 피치 보정기구가 장치되어 있다.

- 자동선반
· 공작물의 고정과 제거까지를 자동으로 하는 선반
· 터릿 선반을 개량한 것으로 대량생산에 적합

- 다인선반
· 공구대에 여러 개의 바이트가 부착
· 부착된 바이트를 전부 또는 일부가 동시에 절삭가공을 하는 선반

- NC선반
· 정보의 명령에 따라 절삭공구와 새들의 운동을 제어하도록 만든 선반
· 자기테이프, 수치적인 부호의 모양으로 되어 있는 선반

- 정면선반
· 외경은 크고 길이가 짧은 가공물의 정면을 깎는 선반
· 공구대가 주축에 직각으로 광범위하게 움직이는 선반

- 수직선반
· 주축이 수직으로 되어 있는 선반
· 대형이나 중량물에 사용
· 보링가공이 가능하여 수직 보링 머신이라고도 한다.

- 밀링작업에서 상향 절삭
  - 공구의 회전 방향과 공작물의 이송이 반대 방향인 경우
  - 칩이 잘 빠져나와 절삭을 방해하지 않는다.
  - 백래시가 제거된다.
  - 공작물이 날에 의하여 끌려 올라오므로 확실히 고정해야 한다.
  - 커터의 수명이 짧고, 동력 소비가 크다.
  - 가공면이 거칠다.

- 밀링작업에서 하향 절삭
  - 공구의 회전 방향과 공작물의 이송이 같은 방향인 경우
  - 칩이 잘 빠지지 않아 가공면에 흡집이 생기기 쉽다.
  - 백래시 제거 장치가 필요하다.
  - 커터가 공작물을 누르므로 공작물 고정에 신경 쓸 필요가 없다.
  - 커터의 마모가 적고, 동력 소비가 적다.
  - 가공면이 깨끗하다.

- 밀링 커터의 종류와 특징
  - 평면 커터
    - 원주면에 날이 있고, 회전축과 평행한 평면 절삭용
    - 고속도강, 초경합금으로 만든다.

  - 측면 커터
    - 원주 및 측면에 날이 있고, 평면과 측면을 동시 절삭할 수 있다.
    - 단, 면 또는 홈 절삭에 사용

  - 정면 커터 : 넓은 평면을 빨리 깎기에 적합하고, 강력 절삭을 할 수 있다.
  - 앤드 밀
    - 드릴이나 리머와 같이 일체의 자루를 가진 것
    - 기어, 벨트, 풀리 등이 소재와 같이 구멍이 뚫린 일감의 바깥 원통면이나 옆면을 가공할 때 사용
    - 수직식 밀링 머신에 주로 사용

  - 총형 커터 : 기어 가공, 드릴의 홈 가공, 리머, 탭 등 형상 가공에 사용
  - 각형 커터 : 각도, 홈, 모떼기 등에 사용
  - 메탈 슬리팅 커터 : 절단, 홈파기 등에 사용

- T홈 커터 : T홈 가공에 사용
- 더브 테일 커터 : 터브 테일 홈 가공, 기계 조립부품에 많이 사용

• 유동형 칩의 발생원인
- 절삭속도가 클 때
- 바이트 경사각이 클 때
- 연강, Al 등 점성이 있고 연한 재질일 때
- 절삭깊이가 적을 때
- 윤활성이 좋은 절삭제의 공급이 많을 때

• 전단형 칩의 발생원인
- 칩의 미끄러짐 간격이 유동형보다 약간 커진 경우
- 경강 또는 동합금 등의 절삭각이 크고, 절삭 깊이가 깊을 때

• 열단형 칩의 발생원인
- 바이트가 재료를 뜯는 형태의 칩
- 극연강, Al합금, 동합금 등 점성이 큰 재료의 저속 절삭시 생기기 쉽다.

• 균열형 칩의 발생원인
- 메진 재료에 작은 절삭각으로 저속 절삭을 할 때

• 절삭유의 작용
- 냉각작용 : 절삭공구와 일감의 온도 상승을 방지
- 윤활작용 : 공구날의 윗면과 칩 사이의 마찰을 감소
- 세척작용 : 칩을 씻어 버린다.

• 절삭유의 구비 조건
- 칩 분리가 용이하여 회수하기가 쉬울 것
- 방청, 윤활성이 우수할 것
- 기계에 녹이 슬지 않아야 할 것
- 냉각성이 충분할 것
- 위생상 해롭지 않아야 할 것
- 장시간 사용해도 잘 변질되지 않을 것

• 절삭유의 사용시 장점
- 절삭 저항이 감소, 공구의 수명 연장
- 다듬질면의 상처를 방지로 다듬질면이 좋아진다.

- 일감의 열팽창 방지로 가공물의 치수 정밀도가 좋아진다.
- 칩의 흐름이 좋아지기 때문에 절삭 작용을 쉽게 한다.

• 유화유
- 냉각작용 및 윤활작용이 좋아 절삭 작업에 널리 사용
- 물에 원액을 혼합하여 사용
- 절삭용은 10 ~ 30배, 연삭용은 50 ~ 100배로 혼합 사용

• 광물성유
- 불수용성 절삭유 중 점성이 낮고 윤활 작용이 좋다
- 냉각 작용은 좋지 못하여 주로 경절삭에 사용

• 브로칭 머신
- 호환성을 필요로 하는 부품의 대량 생산에 매우 효과적
- 키홈, 스플라인 홈, 다각형의 구멍 등의 자동차나 전기부품의 정밀가공에 적합한 가공
- 크기 : 최대 인장력과 브로치를 설치하는 슬라이드의 행정 길이로 표시

• 선반의 크기 표시
- 스윙 (베드 위의 스윙 및 왕복대 위의 스윙)
- 양 센터간의 최대거리

• 방진구
- 지름이 작고 긴 공작물을 절삭할 때 생기는 떨림을 방지하기 위한 장치
- 보통 지름에 비해 길이가 20배 이상 길 때 사용
- 이동식과 고정식이 있다.

• 선반작업시 가공물의 고정법의 종류
- 양 센터에 의한 고정방법
- 척에 의한 고정방법
- 척과 데드 센터에 의한 고정방법
- 면판에 의한 고정방법
- 콜릿척, 전자척에 의한 고정방법
- 홀더에 의한 고정방법

• 테이퍼 절삭방법
- 심압대를 편위시키는 방법 : 심압대를 선반의 길이방향에 직각 방향으로 편위시켜 절삭

하는 방법
- 복식 공구대 회전법 : 테이퍼 부분의 길이가 짧고 경사각이 큰 일감의 테이퍼 가공에 사용
- 테이퍼 절삭장치 이용법 : 전용 페이퍼 절삭장치를 만들어 테이퍼 절삭을 하는 방법
- 총형 바이트에 의한 법 : 테이퍼용 총형 바이트를 이용하여 비교적 짧은 테이퍼 절삭을 하는 방법

• 연삭 가공의 장점
- 치수 정밀도가 높다.
- 매끈한 다듬질면을 얻을 수 있다.
- 초경합금, 담금질강, 주철, 구리 등 단단한 금속재료도 가공할 수 있다.
- 고무, 유리, 플라스틱, 석재도 가공할 수 있다.
- 공구나 게이지류, 기타 담금질로 경화된 부품의 다듬질에 가장 효과적

• 연삭 과열의 원인
- 연삭속도가 클 때
- 숫돌의 연삭 깊이가 클 때
- 습식 연삭보다도 건식 연삭일 때
- 공작물의 열적성질이 클 때

• 센터리스 연삭기의 장점
- 연속작업이 가능
- 공작물의 해체 및 고정이 필요 없다.
- 대량생산에 적합
- 기계의 조정이 끝나면 초보자도 작업 가능
- 고정에 따른 변형이 적고, 연삭여유가 작아도 가능
- 연삭 숫돌 바퀴의 나비가 크므로 지름의 마멸이 적고, 수명이 길다.
- 가늘고 긴 핀, 원통, 중공 등을 연삭하기 쉽다.
- 센터나 척에 고정하기 힘든 것을 쉽게 연삭 가능

• 연삭숫돌의 3요소
- 숫돌입자
- 결합제
- 기공

- 연삭숫돌의 구비 조건
  - 결합력의 조절 범위가 넓을 것
  - 열이나 연삭액에 안정할 것
  - 적당한 기공과 균일한 조직일 것
  - 원심력, 충격에 대한 기계적 강도가 있을 것
  - 성형이 좋을 것

- 연삭숫돌의 종류

연삭숫돌		숫돌기호	비고
인조연삭숫돌	산황알루미늄	A 숫돌	갈색
		WA 숫돌	백색
	탄화규소질	C 숫돌	흑색
		GC 숫돌	녹색
	탄화붕소질	B 숫돌	
	다이아몬드	D 숫돌	
천연연삭숫돌	다이아몬드	D 숫돌	
	에머리, 가네트 프린트, 카버런덤		

- 연삭숫돌의 결합도
  - E, F, C : 매우 연함
  - H, I, J, K : 연함
  - L, M, N, O : 보통
  - P, Q, R, S : 단단함
  - T, U, V, W, X, Y, Z : 매우 단단함

- 연삭숫돌의 표시법(WA 70 K m V 1호 A 205 * 19 * 15.88)
  - WA : 숫돌입자
  - 70 : 입도
  - K : 결합도
  - m : 조직
  - V : 결합체
  - 1호 : 숫돌형상
  - A : 연삭면형상
  - 205 : 바깥지름
  - 19 : 두께
  - 15.88 : 구멍지름

- 결합제의 종류 및 기호
  - V : 비트리파이드

- S : 실리케이트
- R : 고무
- B : 레지노이드
- E : 셀락
- PVA : 폴리비닐알코올
- M : 메탈

• 연삭숫돌의 드레싱
- 자생작용 : 연삭시 숫돌의 마모된 입자가 탈락되고 새로운 입자가 나타나는 현상
- 로딩 (=눈메움)
  · 숫돌 입자의 표면이나 기공에 칩이 끼어 연삭성이 나빠지고 다듬면에 떨림자리가 나타나게 되는 현상
  · 발생 원인
    입도의 번호와 연삭 깊이가 너무 클 경우
    조직이 치밀할 경우
    숫돌의 원주 속도가 너무 느린 경우
- 드레싱 : 숫돌차에 글레이징이나 로딩이 생겼을 때 하는 작업

• 트루잉 : 연삭숫돌의 외형을 수정하여 규격에 맞는 제품으로 만드는 과정

• 기어 절삭법의 종류
- 총형 공구에 의한 법(=성형법)
  · 기어 치형에 맞는 공구를 사용하여 기어를 깎는 방법
  · 소규모 업체에서만 사용
- 형판에 의한 법(=모방 절삭법)
  · 형판을 따라서 공구가 안내되어 절삭하는 방법
  · 대형 기어절삭에 사용
- 창성법
  · 인벌류트 곡선을 그리는 성질을 응용하여 기어를 깎는 방법
  · 가장 많이 사용되고 있다

• 기어 절삭기의 종류
- 원통형 기어절삭기
  · 호빙 머신

· 기어 셰이퍼

- 베벨기어 절삭기
  · 직선 베벨기어 절삭기
  · 곡선 베벨기어 절삭기

• 드릴 작업의 종류
  - 드릴링 : 드릴링 머신의 주된 작업, 드릴을 사용하여 구멍을 뚫는 작업
  - 리밍 : 드릴을 사용하여 뚫은 구멍의 내면을 리머로 다듬는 작업
  - 태핑 : 드릴을 사용하여 뚫은 구멍의 내면에 탭을 사용하여 암나사를 가공하는 작업
  - 보링 : 드릴을 사용하여 뚫은 구멍, 이미 있는 구멍을 넓히는 작업
  - 스폿 페이싱 : 너트 또는 볼트 머리와 접촉하는 면을 고르게 하기 위하여 깎는 작업
  - 카운터 보링 : 볼트의 머리가 일감 속에 묻히도록 깊게 스폿 페이싱을 하는 작업
  - 카운터 싱킹 : 접시머리 나사의 머리 부분을 묻히게 하기 위하여 자리를 파는 작업

• 공작물의 재료와 드릴 날끝각의 여유각

공작물	일반재료	연강	경강	주철	구리	황동	고무파이버
날끝각(°)	118	90~120	120~140	90~118	100	118	60
여유각(°)	12~15	12	10	12~15	12	12~15	12

  - 여유각 : 바이트의 기본 각도 중 공구의 앞면 및 측면과 일감과의 마찰을 방지하기 위한 것

• 선반의 척의 종류
  - 단동 척
  - 연동 척
  - 마그네틱 척
  - 공기 척
  - 콜릿 척

• 단동 척 : 선반 척에서 불규칙한 일감을 고정하는데 편리하며 4개의 조로 구성되어 있는 것

• 마그네틱 척
  - 선반작업에서 가는 지름의 공작물을 변형시키지 않고 고정하기에 가장 용이한 척
  - 가공 후 잔류자기를 제거하기 위하여 탈자기를 사용하여야 하는 척

- 콜릿 척
  - 가는 지름 또는 환봉재의 고정에 편리

- 보통 선반에서는 주축 테이퍼 구멍에 슬리브를 꽂고 여기에 척을 끼워 사용

- 유압식 척 : CNC 선반에서 주로 사용되는 척

- 보링 머신
  - 주조할 때 뚫린 구멍이나 드릴로 뚫은 구멍을 더욱 크게 하거나, 정밀도를 높게 하기 위한 가공 기계
  - 무겁고 회전시키기가 곤란한 공작물에 구멍을 가공하여야 할 때 적합

- 보링 머신의 종류
  - 수평보링머신
  - 정밀보링머신
  - 지그보링머신

- 보링 머신의 크기
  - 테이블의 크기
  - 스핀들의 지름
  - 스핀들의 이동거리
  - 스핀들 헤드의 상하 이동거리

- 정밀보링머신 : 다이아몬드나 초경합금 공구를 사용해 고속도 경절삭으로 정밀한 보링을 할 수 있는 것

- 삼창법 : 세 개의 같은 지름의 철사를 사용하여 수나사의 유효경을 측정하는 방법

- 슬로터(=수직 세이퍼) : 각종 일감의 내면을 가공하는 것
  - 용도 : 각 구멍, 키 홈, 내부 스플라인 가공

- 슬로터의 크기 표시
  - 램의 최대 행정
  - 테이블의 크기
  - 테이블의 이동거리 및 원형 테이블의 지름

- 구성인선 : 연강, 스테인레스강, 알루미늄처럼 바이트 재료와 친화성이 강한 재료를 절삭할 경우, 절삭된 칩의 일부가 날 끝부분에 부착하여 대단히 굳은 퇴적물로 되어 절삭날

구실을 하는 것

* 주기 : 발생 ➜ 성장 ➜ 분열 ➜ 탈락

- 구성인선 발생을 감소시키는 방법
  - 30°이상 바이트의 전면 경사각을 크게 한다.
  - 120m/min 이상 절삭 속도를 크게 한다.
  - 윤활성이 좋은 윤활제를 사용한다.
  - 절삭 속도를 극히 낮게 한다.
  - 절삭 깊이를 줄인다.
  - 이송속도를 줄인다.

- 연삭 작업시 안전 사항
  - 숫돌은 반드시 시운전에 지정된 사람이 설치해야 한다.
  - 숫돌차의 표면이 심하게 변형된 것은 반드시 수정해야 한다.
  - 숫돌차의 교환은 지정된 공구를 사용한다.
  - 나무 해머로 가볍게 두들겨 보아 맑은 음이 나는가 확인한다.
  - 숫돌은 3분 이상, 작업 개시 전에는 1분 이상 시운전 한다.
  - 숫돌과 받침대의 간격은 항상 3 ㎜ 이하로 유지한다.
  - 공작물은 받침대로 확실하게 지지한다.
  - 숫돌의 커버를 벗겨 놓은 채 사용해서는 안 된다.

- 시닝 : 드릴을 연삭하면 웨브의 두께가 두꺼워져 절삭성이 나빠지는데 이점을 개선하는 작업

- 절삭 속도를 구하는 공식

$$v = \frac{\pi DN}{1000} \text{ [m/min]}$$

V : 절삭 속도 (m/min)

D : 가공물의 지름 (mm)

N : 가공물의 회전수 (rpm)

- 회전수를 구하는 공식

$$N = \frac{1000v}{\pi D} \text{ [rpm]}$$

V : 절삭속도 (m/min)

D : 회전하는 공구의 지름(mm)

N : 공구의 회전수(rpm)

• 플레이너 : 직선 왕복 운동을 하는 테이블에 공작물을 고정하고 공구가 직선 이송을 하는 공작기계

• 플레이너의 크기 표시
- 테이블의 크기(길이 * 나비)
- 공구대의 수평 및 위.아래 이동 거리
- 테이블 윗면부터 공구대까지의 최대높이

• 호닝
- 보링, 리밍, 연삭 가공 등을 끝낸 원통 내면의 정밀도를 더욱 높이기 위하여 막대 모양의 가는 입자의 숫돌을 방사상으로 배치한 호운으로 다듬질하는 방법
- 호닝속도
  · 원주속도 : 40 ~ 70 m/min
  · 왕복속도 : 원주속도의 1/2 ~ 1/5 정도

• 액체 호닝 : 가공물 표면에 공작액과 미세연삭입자의 혼합물을 고속으로 분사하여 매끈한 다듬질면을 얻는 방법

• 액체 호닝의 장점
- 단시간에 매끈하고 광택이 없는 다듬질면을 얻을 수 있다
- 피닝 효과가 있고 피로한계를 높일 수 있다
- 복잡한 모양의 일감에 대해서도 간단히 다듬질할 수 있다
- 일감 표면에 잔류하는 산화피막과 거스러미를 간단히 제거할 수 있다

• 랩 작업
- 랩과 일감 사이에 랩제를 넣어 서로 누르고 비비면서 다듬는 방법
- 랩제 : 탄화규소, 산화 알루미늄, 산화철, 다이아몬드 미분 등

• 전해 연마
- 전해액에 일감을 양극으로 전기를 통하면 표면이 용해 석출되어 공작물의 표면이 매끈하도록 다듬질하는 방법
- 전기도금과 반대 현상을 이용한 가공
- 용도 : 드릴 홈, 주사침, 반사경, 시계의 기어 등의 연마에 사용

- 전해 연마의 장점
  - 복잡한 모양의 연마에 사용
  - 광택이 매우 좋으며, 내식, 내마멸성이 좋다.
  - 가공 표면의 변질층이 생기지 않는다.
  - 면이 깨끗하고 도금이 잘 된다.
  - 설비가 간단하고, 시간이 짧으며 숙련이 필요 없다.
- 전해 연마의 단점
  - 불균일한 가공 조직, 두 종류 이상의 재질은 다듬질이 곤란
  - 연마량이 적어 깊은 상처는 제거하기가 곤란
- 전해 연삭
  - 전해 연마에서 나타난 양극 생성물을 연삭 작업으로 갈아 없애는 가공법
  - 초경합금 등 경질 재료, 열에 민감한 재료 등의 가공에 적합
  - 가공 변질이 적고 표면 거칠기가 좋다.
- 초음파 가공 : 물이나 경유 등에 연삭 입자를 혼합한 가공액을 공구의 진동면이나 일감 사이에 주입시켜 가며 초음파에 의한 상하진동으로 표면을 다듬는 가공 방법
- 배럴가공 : 회전하는 상자속에 가공물, 숫돌입자, 가공액, 콤파운드 등을 함께 넣고 회전시켜 서로 부딪치며 가공되어 매끈한 가공면을 얻는 가공 방법
- NC 가공의 장점
  - 생산성 향상
  - 생산 제품의 균일화
  - 다량 생산에 용이
  - 제조원가 및 인건비 절감
  - 공구 관리비 절감
  - 공장의 자동화 라인을 쉽게 구축
  - 무인 가공이 가능
- NC 프로그래밍의 지령절(명령)
  - G : 준비기능
  - M : 보조기능
  - F : 이송기능
  - S : 주축기능

- T : 공구기능

• 수치제어 공작기계에서 사용되는 서보기구의 종류
- 개방회로 제어방식(open loop system)
- 반폐쇄회로 제어방식(semi-closed loop system)
- 폐쇄회로 제어방식(closed loop system)
- 복합 제어방식(hybrid servo system)

• 선반 작업시 안전사항
- 가공물의 설치는 전원을 전원 스위치를 끄고 바이트를 충분히 뗀 다음 설치
- 돌리개는 적당한 크기의 것을 선택
- 심압대 스핀들이 지나치게 나오지 않도록 한다.
- 공작물의 설치가 끝나면 척, 렌치류는 곧 떼어놓는다.
- 편심된 가공물의 설치는 균형 추를 부착
- 바이트는 기계를 정지시킨 다음에 설치
- 줄 작업이나 사포로 연마할 때는 몸 자세 및 손동작에 유의

• 스크레이퍼 작업시 주의사항
- 스크레이퍼를 대는 방향은 매회마다 90°로 바꾼다.
- 광명단은 얼룩없이 고르게 바른다.
- 피삭재의 재질에 따라 적당한 크기의 스크레이퍼를 택한다.
- 문지를 때 너무 세게 누르지 않는다.
- 공작물의 표면은 깨끗이 닦아낸다.

• 탭 작업시 주의사항
- 공작물을 수평으로 단단히 고정시킨다.
- 구멍의 중심과 탭의 중심을 일치시킨다.
- 탭 핸들에 무리한 힘을 가하지 말고 수평을 유지시킨다.
- 탭을 한쪽 방향으로만 돌리지 말고 가끔 역회전하여 칩을 배출시킨다.
- 기름을 충분히 넣어 준다.

• 탭이 부러지는 원인
- 구멍이 작을 때
- 탭이 구멍 바닥에 부딪혔을 때
- 칩의 배출이 원활하지 않을 때
- 구멍이 바르지 못할 때

- 핸들에 무리한 힘을 주었을 때

• 드릴 작업시 주의사항
- 얇은 일감 드릴 작업시 일감 밑에 나무 등을 놓고 작업
- 드릴 작업시 장갑을 끼지 않는다.
- 회전을 정지시킨 후 드릴을 고정
- 작은 물건은 바이스나 고정구로 고정하고 직접 손으로 잡지 말아야 한다.
- 드릴이나 소켓 등을 뽑을 때는 드릴 뽑게를 사용하며, 해머 등으로 두들겨 뽑지 않도록 한다.

• 줄 작업시 주의사항
- 줄에 담금질 균열이 있는 것은 사용중에 부러질 우려가 있으므로 잘 점검
- 줄을 밀 때, 체중을 몸에 가하여 줄을 민다.
- 눈은 항상 가공물을 보면서 작업한다.
- 줄을 당길 때는 가공물에 압력을 주지 않는다.
- 자루를 단단히 끼우고 사용한다.

• 해머 작업시 안전사항
- 보호안경을 착용할 것
- 처음에는 서서히 할 것
- 장갑을 끼지 말 것
- 해머를 자루에 꼭 끼울 것
- 열처리 된 재료는 해머 작업을 하지 말 것
- 대형의 사용시 능력에 맞게 사용할 것
- 좁은 곳에서 사용하지 말 것
- 공동으로 해머 작업시 호흡을 맞출 것

• 정 작업시 주의사항
- 정과 해머를 잡은 손에 힘을 주지 않는다.
- 정 작업시 장갑을 끼지 않는다.
- 담금질한 강에 정 작업을 해서는 안된다.
- 정 작업시 칩의 비산에 주의한다.
- 사용전에 결함이 있는지 검사한다.
- 정 날끝 면과 공작물 사이의 각도 φ는 10°정도로 하며, 타격순간에 5°정도로 하면 효과적이다.

- 중요한 것은 눈의 주시 위치이며, 정의 날끝을 정확히 보아야 한다.

• 원형 테이블 : 밀링에서 테이블 위에 설치하며 수동 또는 자동으로 회전시킬 수 있어 공작물에 회전운동을 주어서 윤곽가공이나 평면을 분할 할 때 사용하는 부속장치

• 볼 스크루
- 서보 모터에 연결되어 있어 서보 모터의 회전운동을 받아 NC기계의 테이블을 직선 운동시키는 나사이다.
- NC 공작기계에서 백래시를 줄이고, 마찰 저항을 적게 하는 이송 기구

• 절삭면적 : 절삭깊이와 이송량을 곱한 값
- 절삭면적이 클 때에는 절삭 속도를 작게 한다.
- 절삭면적이 클 때에는 절삭 능률은 좋다.
- 절삭면적이 클 때에는 절삭저항이 커져 절삭온도 상승한다.
- 절삭면적이 커지면 바이트의 수명이 짧아진다.

• 범용밀링작업에서 공작물을 고정시키는 방법
- 바이스에 의한 고정
- 테이블에 직접 고정
- 마그네틱 척에 고정

2 기계보전 기본용어

2.1 측정

• 측정의 오차
- 개인 오차
- 계기 오차
  · 시차
  · 온도 변화에 따른 측정 오차
  · 재료의 탄성에 기인하는 오차
  · 확대기구의 오차
  · 우연의 오차

• 아베의 원리: 길이 측정시 오차를 최소로 줄이기 위해서 물체의 길이를 기준이 되는 척도와 일직선상에 나란히 세워놓아야 한다는 원리

- 외경 마이크로미터 : 아베의 원리에 맞는 측정기

• 각도 측정기의 종류
- 분도기와 만능 분도기
- 직각자
- 콤비네이션 세트
- 사인바
- 각도 게이지
- 수준기
- 광학식 각도계
- 오토콜리미터

• 표면거칠기 측정법
- 광절단식 표면거칠기 측정법
- 비교용 표준편과 비교 측정법
- 현미간섭식 표면거칠기 측정법
- 촉침식 측정기

• 다이얼 게이지
- 실제치수와 표준치수와의 차를 측정
- 진원도를 측정할 때 가장 적당한 측정기
- 소형이고 경량이라 취급이 용이하며 측정 범위가 넓다.

• 한계 게이지의 특징
- 제품 상호간에 교환성이 있다.
- 완성된 게이지가 필요 이상 정밀하지 않아도 되기 때문에 공작이 용이
- 측정이 쉽고, 신속하다.
- 제품의 실제 치수를 읽을 수 없다.
- 대량 생산시 측정이 간편하다.
- 가격이 비싸다.
- 종류 : 봉형 게이지, 플러그 게이지, 터보 게이지

• 사인바 : 각도 측정에 사용

• 공구 현미경 : 나사의 피치나 나사산의 각도 측정에 적합

• 안전율 : 극한강도를 허용응력으로 나눈 값

• 산업 재해의 직접 원인

인적원인 (불안전한 행동 : 88%)	물적원인 (불안전한 상태 : 10%)
– 위험 장소 접근 – 안전장치의 기능 제거 – 복장, 보호구의 잘못 사용 – 운전중인 기계 장치의 손실 – 기계 기구의 잘못 사용 – 불안전한 속도 조작 – 위험물 취급 부주의 – 불안전한 상태 방치 – 불안전한 자세 동작	– 물 자체의 결함 – 안전 방호장치의 결함 – 복장, 보호구의 결함 – 기계의 배치 및 작업 장소의 결함 – 작업 환경의 결함

• 산업 재해의 직접 원인
- 간접원인, 기술적 원인, 교육적 원인, 신체적 원인, 정신적 원인, 관리적 원인

• 안전색의 표시사항
- 빨강 : 방화, 멈춤, 금지
- 주황 : 위험
- 노랑 : 주의
- 녹색 : 안전, 진행, 구급 및 구호
- 파랑 : 조심
- 자주 : 방사능
- 흰색 : 통로, 정돈
- 검정 : 주황, 노랑, 흰색을 잘 나타내기 위해서 보조색으로 사용

3 기계제도 기본용어

• 각국의 표준규격
- ISO : 국제 표준화 기구
- KS : 한국 산업 규격
- BS : 영국 규격
- DIN : 독일 규격
- ANSI : 스위스 규격
- NF : 프랑스 규격

- JIS : 일본 공업 규격

• KS의 분류

기호	부문	기호	부문	기호	부문
KS A	기본	KS F	토건	KS M	화학
B	기계	G	일용품	P	의료
C	전기	H	식료품	R	수송기계
D	금속	K	섬유	V	조선
E	광산	L	요업	W	항공

• 도면의 성질에 따른 분류
- 원도
 · 켄트지나 와트만지 위에 연필로 그린 도면
 · 컴퓨터로 작성된 최초의 도면으로 트레이스도의 원본이 된다.

- 트레이스도(= 사도)
 · 원도 위에 트레이싱페이퍼나 미농지를 놓고 연필 또는 먹물로 그린 도면

- 복사도
 · 트레이스도를 원본으로 하여 복사한 도면
 · 청사진, 백사진, 전자 복사도 등이 있다.

• 도면의 사용목적에 따른 분류
- 계획도 : 설계자가 제작하고자 하는 물품의 계획을 나타내는 도면
- 제작도 : 요구하는 제품을 만들 때 사용되는 도면
- 주문도 : 주문서에 첨부되어 주문하는 물품의 모양, 정밀도, 기능도 등의개요를 주문 받는 사람에게 제시하는 도면
- 승인도 : 주문자 또는 기타 관계자의 승인을 얻은 도면
- 견적도 : 견적서에 첨부되어 주문자에게 제품의 내용과 가격 등을 설명하기 위한 도면
- 설명도 : 사용자에게 제품의 구조, 기능, 작동원리, 취급법 등을 설명하기 위한 도면
- 공정도 : 제조과정의 공정별 처리방법, 사용용구 등을 상세히 나타내는 도면

• 청사진
- 청색 바탕에 선이나 문자가 희게 나타나는 것

- 음화 감광지를 사용하여 청사진 기계에서 구워낸다.

• 백사진
- 흰 바탕에 선이나 문자가 자색, 청색, 검정색, 갈색 등으로 나타나는 것
- 양화 감광지를 써서 복사기에서 구워낸다.

• 도면 크기 (단위 mm)
- A0 : 1189 * 841-
- A1 : 841 * 594
- A2 : 594 * 420
- A3 : 420 * 297
- A4 : 297 * 210

• A3 제도 용지의 윤곽 치수에서 철할 때의 치수 : 25 ㎜

• 도면에 반드시 마련해야 할 사항 : 윤곽선, 표제란, 중심 마크

• 중심마크
- 윤곽선으로부터 도면의 가장자리에 이르는 굵기 0.5 ㎜의 직선으로 표시
- 도면을 마이크로 필름에 촬영, 복사할 때의 편의를 위하여 마련하는 것
- 도면의 4변 각 중앙에 표시
- 허용차는 ± 0.5 ㎜로 한다.

• 척도 표시방법
- 축척 : 실물을 일정한 비율로 축소하여 제도하는 경우에 사용하며 치수기입은 실물의 실제 치수를 기입하는 척도
- 현척(= 실척) : 실물과 같은 크기로 그린 도면
- 배척 : 실물을 확대해서 그린 도면
- NS : 비례척이 아닌 임의의 척도

• 제도 용구와 용도
- 컴퍼스 : 원을 그리는데 사용. 크기에 따라 대형, 중형, 소형이 있다.
- 디바이더 : 선의 등분, 원의 등분 및 치수를 옮길 때 사용
- 먹줄펜 : 직선, 곡선을 긋는데 사용
- T자 : 수평선을 긋거나 삼각자의 안내자로 사용
- 삼각자 : T자와 함께 수직선, 사선 등을 긋는데 사용
- 운형자 : 컴퍼스로 그리기 어려운 원호나 곡선을 그릴 때 사용

- 자유곡선자 : 여러 가지 곡선을 자유롭게 그리는데 사용

• 제도 연필의 종류
- H : 딱딱한 정도로 숫자가 클수록 딱딱하다.
- B : 부드러운 정도로 숫자가 클수록 부드럽다.
- HB : 딱딱하고 부드러운 정도가 중간단계이며 일반 필기용으로 사용

• 스케치 방법
- 프린트법 : 부품의 표면에 광명단을 칠한 후, 종이를 대고 눌러서 실제 모양을 뜨는 방법
- 모양 뜨기 : 불규칙한 곡선을 가진 물체를 직접 종이에 대고 그리거나, 납선 또는 동선 등을 부품의 윤곽 곡선과 같이 만들어 종이에 옮기는 방법(= 본뜨기법)
- 사진 촬영 : 사진기로 직접 찍어서 도면을 그리는 방법
- 프리핸드법 : 손으로 직접 그리는 방법

• 스케치할 때 주의사항
- 필요한 스케치 용구를 잊지 않도록 한다.
- 스케치도는 간략하고 보기 쉽게 그려야 한다.
- 정리 번호는 기초가 되는 것부터 기입해야 한다.
- 표준 부품은 약도와 호칭 방법을 표시해야 한다.
- 조합되는 부품에 대해서는 반드시 양쪽에 맞춤 표시를 해야 한다.
- 대칭형인 것은 생략화법으로 도시한다.

• 틈새 : 구멍의 치수가 축의 치수보다 클 때, 구멍과 축과의 치수의 차
죔새 : 축의 지름이 구멍의 지름보다 큰 경우 두 지름의 차

- 최소 틈새 : 구멍의 최소 허용치수 - 축의 최대 허용치수
- 최대 틈새 : 구멍의 최대 허용치수 - 축의 최소 허용치수
- 최소 죔새 : 축의 최소 허용치수 - 구멍의 최대 허용치수
- 최대 죔새 : 축의 최대 허용치수 - 구멍의 최소 허용치수

• 테이퍼 핀의 테이퍼와 호칭 표시 : 1/50 - 작은 쪽의 지름

• ISO 규격에 있는 관용 테이퍼 나사의 기호
- 테이퍼 수나사 : R
- 테이퍼 암나사 : Rc
- 평행 암나사 : Rp

• 기어의 제도법
- 이끝원은 굵은 실선으로 그린다.
- 피치원은 가는 1점 쇄선으로 그린다.
- 이뿌리원은 가는 실선으로 그린다.
(단, 정면도를 단면으로 도시할 때는 굵은 실선으로 그린다.)
- 이뿌리원은 측면도에서 생략해도 좋다.
- 스퍼기어의 표준압력각 a = 20°로 규정
- 맞물리는 한 쌍의 스퍼기어를 그릴 때에는 측면도의 이끝원은 항상 굵은 실선으로 그린다.
- 정면도를 단면도로 나타낼 때는 물리는 부분의 한쪽 이끝원을 파선으로 그린다.

• 나사의 표시법
- 수나사의 바깥지름과 암나사의 안지름을 나타내는 선은 굵은 실선으로 표시
- 수나사와 암나사의 골을 표시하는 선은 가는 실선으로 표시
- 완전 나사부와 불완전 나사부의 경계선은 굵은 실선으로 표시
- 불완전 나사부의 골 밑을 나타내는 선은 축선에 대하여 30°의 가는 실선으로 표시
- 암나사 탭 구멍의 드릴 자리는 120°의 굵은 실선으로 표시
- 수나사와 암나사의 결합부분은 수나사로 표시
- 단면시 나사부의 해칭은 수나사는 외경, 암나사는 내경까지 해칭

• 나사의 표시 방법
- 좌 2줄 M50 * 2 6H
· 좌 : 나사 산의 감는 방향
· 2줄 : 나사 산의 줄의 수
· M50 * 2 : 나사의 호칭
· 6H : 나사의 등급
* 왼쪽 2줄 미터 가는 나사(M50 * 2) 암나사 등급 6, 공차 위치 H

• 나사 표시의 유의사항
- 나사의 방향표시는 왼쪽 나사에만 표시(표시는 "좌" 또는 "L"을 사용)
- 나사의 줄 수 표시는 두 줄 이상인 경우에만 표시(표시는 "줄" 또는 "N"을 사용)

• 코터의 도시법
- 키의 일종으로 축방향으로 인장력이나 압축력이 작용하는 두 축을 연결하거나 풀 경우에 사용

- 한쪽에만 기울기를 만든 것과 양쪽 다 기울기를 만든 것이 2종 있다.
- 기울기는 보통 1/20이 많이 사용

• 투상도법
- 정투상법 : 투상선이 투상면에 대하여 수직으로 되어 투상하는 것
  · 정면도 : 물체를 정면에서 투상하여 그린 그림
  · 평면도 : 물체를 위에서 투상하여 그린 그림 / 물체의 높이가 나타나지 않는 도면
  · 측면도 : 물체를 옆에서 투상하여 그린 그림

- 축측 투상법 : 경사진 광선에 의해 투상하는 것
  · 종류 : 등각투상도, 부등각투상도 / 등각투상도에서 물체의 세 모서리가 이루는 각도 : 120°

- 사투상법 : 정투상도에서 정면도의 크기와 모양은 그대로 사용하고, 평면도와 우측면도를 경사시켜 그리는 투상법
  · 종류 : 캐비닛도, 카발리에도

- 투시도법 : 시점과 물체의 각 점을 연결하는 방사선에 의하여 그리는 것으로 원근감이 있어 건축 조감도 등 건축제도에 널리 이용
  (제 1각법 : 눈 ➜ 물체 ➜ 화면 // 제 3각법 : 눈 ➜ 화면 ➜ 물체)
  * 한국산업규격은 기계 제도에 원칙적으로 제 3각법을 사용하도록 규정

• 보조하는 여러 가지 투상도법
- 보조투상도 : 물체의 경사면에서 실제의 길이를 나타내 주기 위해서 경사면과 수직하는 위치에 나타내는 투상도법

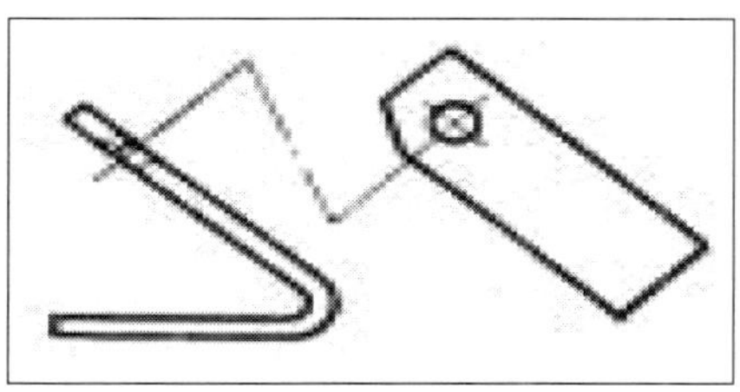

- 회전투상도 : 물체의 일부분이 경사져 있을 때 경사진 부분만 회전시켜서 나타내는 투상도법

- 부분투상도 : 주투상도에서 잘 나타나지 않은 부분, 혹은 꼭 필요한 일부 분만 오려내서 나타내는 투상도법

- 국부투상도 : 정면도를 보조하는 투상도를 그릴 때, 특수한 부분만 나타내는 투상도법

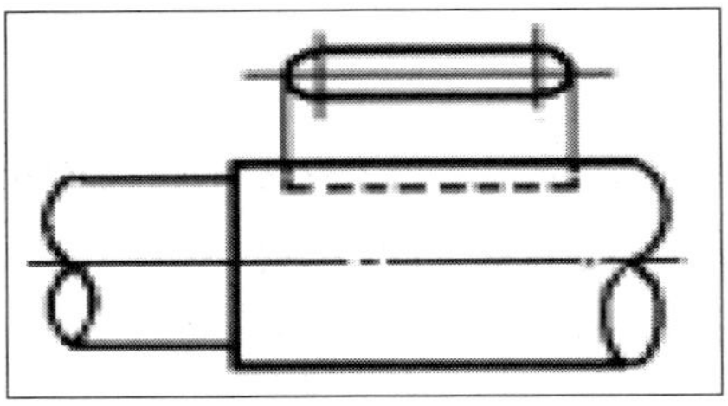

- 상세도 : 물체의 중요한 부분이 너무 작은 경우 그 부분을 가는 실선으로 둘러싸고 인접한 부분에 크기를 확대시켜 그리는 투상도법

• 단면도법
- 한쪽 단면도
  · 기본 중심선에 대칭인 물체의 1/4만 잘라내어 절반은 단면도로, 다른 절반은 외형도로 나타내는 단면도법
  · 물체의 외형과 내부를 동시에 나타낼 수 있다.
  · 절단선은 기입하지 않는다.

- 부분 단면도
  · 외형도에 있어서 필요로 하는 요소의 일부분만을 부분 단면도로 표시 하는 단면도법
  · 파단선에 의하여 그 경계를 나타낸다.

- 회전도시 단면도
  · 핸들이나 바퀴 등의 암, 림, 리브, 훅, 축, 구조물의 부재 등의 절단면을 90°회전하여 표시하는 단면도법
  · 절단한 곳의 전후를 끊어서 그 사이에 그린다.
  · 절단선의 연장선 위에 그린다.
  · 도형내의 절단한 곳에 겹쳐서 가는 실선을 사용하여 그린다.

• 강재의 KS 기호

기호	설명	기호	설명
SM	기계 구조용 탄소강재	SBB	보일러용 압연강재
SBV	리벳용 압연강재	SEH	내열강
SKH	고속도 공구강재	BMC	흑심가단 주철
WMC	백심가단 주철	SS	일반구조용 압연강재
DC	구상 흑연 주철	SK	자석강
SNC	Ni-Cr 강재	SF	단조품
GC	회주철	STC	탄소공구강
SC	주강	STS	합금공구강
SWS	용접 구조용 압연강재	SPS	스프링강

• 해칭 및 스머징

- 해칭 : 단면 부분에 가는 실선으로 빗금선을 긋는 방법
- 스머징 : 단면 주위를 색연필로 엷게 칠하는 방법
- 중심선 또는 주요 외형선에 45°경사지게 긋는 것이 원칙
- 부득이한 경우에는 다른 각도(30°, 60°)로 표시
- 해칭선의 간격은 도면의 크기에 따라 다르나, 보통 2~3 ㎜의 간격으로 하는 것이 좋다
- 2개 이상의 부품이 인접할 경우에는 해칭의 방향과 간격을 다르게 하거나 각도를 틀리게 한다.
- 간단한 도면에서 단면을 쉽게 알 수 있는 해칭은 생략 가능
- 동일 부품의 절단면 해칭은 동일한 모양으로 해칭
- 해칭 또는 스머징을 하는 부분안에 문자, 기호등을 기입하기 위하여 해칭 또는 스머징을 중단한다.

• 선의 종류 및 굵기

- 외형선 : 굵은 실선
  · 물체의 보이는 부분의 형상을 나타내는 선
  · 제도에서 선이 같은 장소에서 중복될 경우 우선 순위가 가장 높은 선
  · 나사의 간략도시에서 수나사 및 암나사의 산을 표시

- 숨은선 : 은선, 파선
  · 물체의 보이지 않는 부분을 나타내는 선

- 중심선 : 가는 1점 쇄선
  · 도형의 중심을 표시하는데 쓰이는 선
  · 기어 제도에서 피치원을 나타내는 선
- 특수지정선 : 굵은 1점 쇄선
  · 특수한 가공을 하는 부분, 혹은 특별한 요구사항을 적용할 수 있는 범위를 표시하는데 사용하는 선
- 가상선 : 가는 2점 쇄선
  · 인접부분을 나타내는 선
  · 물체가 이동하는 운동범위를 참고로 표시하는 선
  · 가공 전후의 모양을 표시하는 선
  · 같은 모양의 되풀이를 표시하는 선
- 파단선 : 자유 실선
  · 대상물의 일부를 떼어낸 경계를 표시하는 선
- 절단선 : 가는 실선
- 해칭선 : 가는 실선
  · 절단면을 명시하기 위해 쓰이는 선

• 선의 굵기 비율 - 가는선(1) : 굵은선(2) : 아주 굵은선(4)

• 도면에서 2종류 이상의 선이 같은 장소에 겹치게 될 경우 선의 우선 순위
  - 외형선, 숨은선, 절단선, 중심선, 무게중심선, 치수 보조선

• 가공 방법의 약호

가공방법	약호	가공방법	약호
선반가공	L	호닝가공	GH
드릴가공	D	랩핑다듬질	FL
밀링가공	M	줄다듬질	FF
리머가공	FR	페이퍼다듬질	FCA
연삭가공	G	주조	C
브로치가공	BR	스크레이퍼다듬질	FS
액체호닝가공	SPL	배럴연마가공	SPBR

• 선 긋는 방법
- 수평선 : 왼쪽에서 오른쪽으로 단 한 번에 긋는다.
- 수직선 : 아래에서 위로 긋는다.
- 사선
  · 오른쪽 위로 향한 것 : 아래에서 위쪽으로 긋는다.
  · 왼쪽 위로 향한 것 : 위쪽에서 아래로 긋는다.

• 표제란에 기입되는 내용
- 도명, 도면번호, 제도소명, 척도, 투상법, 도면작성년월일, 책임자의 서명
- 도면의 오른쪽 아래에 설정
- 표제란의 크기는 일정하지 않다.

• 부품란에 기입되는 내용
- 품명, 품번, 재질, 수량, 중량, 공정, 비고

• 도면에 사용되는 문자
- 글자는 명백히 쓰고 글자체는 고딕체로 하여 수직 또는 15°경사로 씀을 원칙으로 한다.
- 문자의 크기는 문자의 높이로 나타낸다.

• 도면에 치수 기입시 유의사항
- 공작물의 기능면, 또는 제작, 조립 등에 있어서 꼭 필요하다고 생각되는 치수만 명확하게 도면에 기입한다.
- 치수는 되도록 계산해서 구할 필요가 없도록 기입한다.
- 중복치수는 피하고 되도록 정면도에 집중하여 기입한다.
- 필요에 따라 기준으로 하는 점과 선 혹은 가공면을 기준으로 기입한다.
- 관련된 치수는 되도록 한 곳에 모아서 보기 쉽게 기입한다.
- 참고치수에 대해서는 치수문자에 괄호를 붙인다.
- 반드시 전체길이, 전체높이, 전체폭에 관한 치수는 기입되어야 한다.
- 치수선은 가는 실선으로 긋는다.

• 치수선
- 0.25 ㎜ 이하의 가는 실선으로 그어 외형선과 구별하고 양끝에는 끝부분 기호를 붙인다.
- 외형선으로부터 치수선은 약 10 ~ 15 ㎜ 띄어서 긋고, 계속될 때는 같은 간격으로 긋는다.
- 원호를 나타내는 치수선은 호쪽에만 화살표를 붙인다.
- 원호의 지름을 나타내는 치수선은 수평선에 대해 45°의 직선으로 한다.

• 지시선

- 구멍의 치수, 가공법 또는 품번 등을 기입하는데 사용
- 수평선에 60°가 되도록 긋는다.
- 지시되는 쪽에 화살표를 하고, 반대쪽은 수평으로 꺾어 그 위에 지시사항이나 치수를 기입

• 치수보조기호

- 지름 : φ
- 반지름 : R
- 구의 지름 : Sφ
- 구의 반지름 : SR
- 관의 두께 : t
- 45° 모떼기 : C
- 참고치수 : ( )
- 이론적으로 정확한 치수 : □

• 도면 치수 기입의 구성 요소

- 치수선
- 화살표
- 치수 보조선
- 지시선
- 치수 숫자
- 치수에 사용되는 기호

• 표면거칠기 값의 지시

a : 중심선 평균 거칠기의 값
b : 가공 방법의 문자 또는 기호
c : 컷오프값
d : 줄무늬 방향의 기호

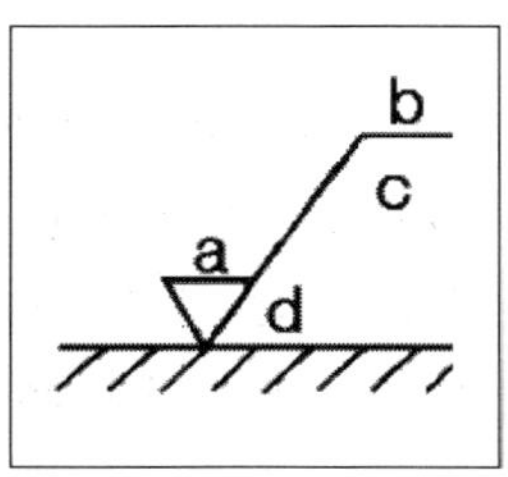

• 표면거칠기 표현 종류
- 중심선 평균거칠기 (Ra)
- 최대높이 (Rmax)
- 10점 평균거칠기 (Rz)

• 기본 공차의 적용

용도	게이지 제작공차	끼워맞춤 공차	끼워맞춤 이외 공차
구멍	IT 01 ~ IT 5	IT 6 ~ IT 10	IT 11 ~ IT 18
축	IT 01 ~ IT 4	IT 5 ~ IT 9	IT 10 ~ IT 18

• 기하공차의 기호
- 자세공차 : 평행도, 직각도, 경사도
- 위치공차 : 위치도, 동축도(동심도), 대칭도
- 흔들림 공차 : 원주, 온
- 모양공차 : 남은 전부, 단독형체

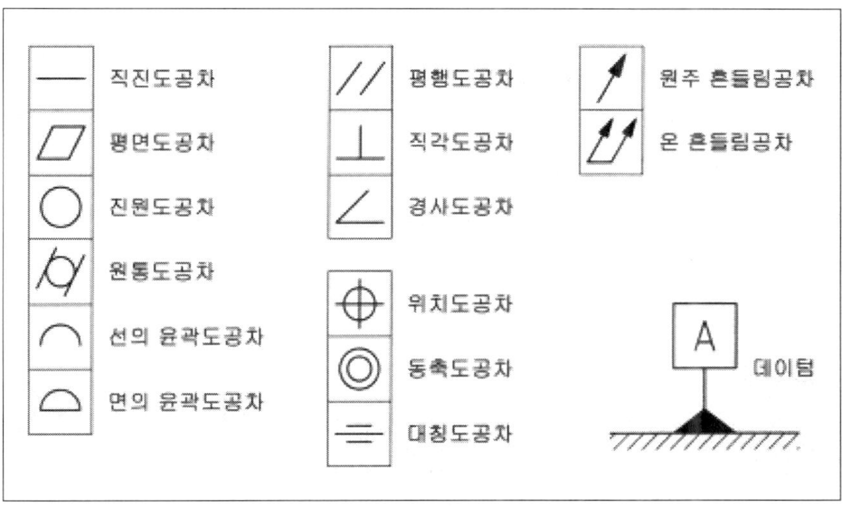

• 끼워맞춤의 종류
- 헐거운 끼워맞춤 : 구멍이 축보다 클 경우
- 중간 끼워맞춤 : 구멍과 축이 서로 크거나 같을 경우
- 억지 끼워맞춤 : 축이 구멍보다 클 경우

• 전개도법의 종류

- 평행선을 이용한 전개도법 : 각기둥이나 원기둥
- 방사선을 이용한 전개도법 : 각뿔이나 원뿔
- 삼각형을 이용한 전개도법 : 입체의 표면을 여러 개의 삼각형

• 스프링 제도의 일반원칙

- 코일 스프링, 벌류트 스프링, 스파이럴 스프링은 하중이 걸리지 않는 상태에서 그린다.
- 겹판 스프링은 상용 하중 상태에서 그리는 것을 표준으로 한다.
- 하중이 걸려 있는 상태에서 치수를 기입할 경우에는 하중을 명기한다.
- 하중과 높이 또는 휨과의 관계를 표시할 필요가 있을 때에는 선도 또는 표로서 나타낸다.
- 이 선도는 편의상 직선으로 표시해도 좋으며, 스프링의 모양을 나타내는 선과 같은 굵기로 한다.
- 도면에 특별한 설명이 없는 코일 스프링 및 벌류트 스프링은 모두 오른쪽으로 감긴 것을 나타낸다.
- 감긴 방향이 왼쪽으로 된 것을 '감긴 방향 왼쪽'이라는 표시를 한다.
- 그림에 기입하기 어려운 사항은 일괄하여 요목표로 나타낸다.

• 코일 스프링 제도

- 스프링 전체의 겉모양이나 전체 단면을 나타낸다.
- 코일 부분은 같은 나선이 되고, 피치는 유효 길이를 유효 감긴 수로 나눈 값으로 한다.
- 중간일부를 생략할 때에는 생략 부분을 가는 일점 쇄선 또는 가는 이점쇄선으로 표시한다.
- 스프링의 종류 및 모양만을 간략하게 그릴 때에는 스프링 소선의 중심선을 굵은 실선으로 그리며, 정면도만 그리면 된다.
- 조립도나 설명도 등에는 단면만을 나타낼 수도 있다.

• 모따기 기호 C5의 표시

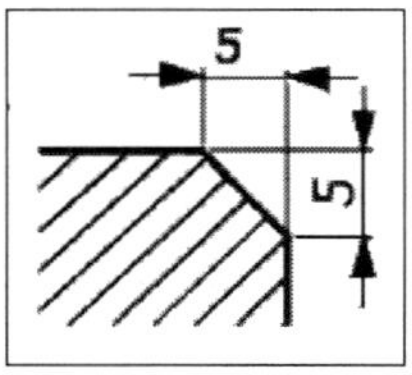

• 입체도와 투상도

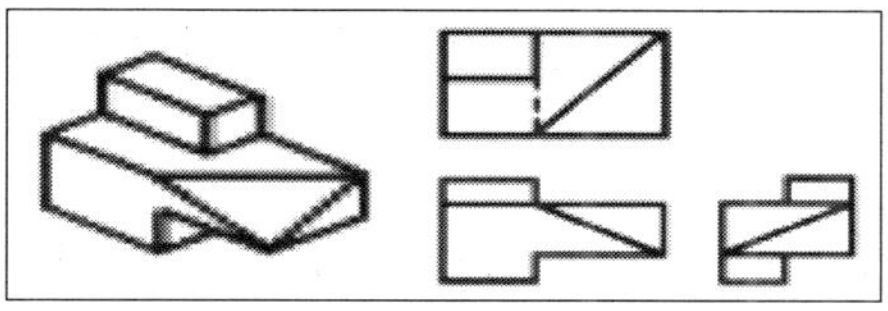

• 평벨트 풀리의 도시법
 - 벨트 풀리와 같이 대칭형인 것은 전체를 표시하지 않고, 그 일부분만을 표시할 수 있다.
 - 암과 같은 방사형의 것은 수직도는 수평 중심선까지 회전하여 투상한다.
 - 암은 길이방향으로 절단하여 도시하지 않는다.
 - 암의 단선형은 도형의 밖이나 도형의 안에 회전 도시 단면도로 도시한다.
 - 도형의 안에 도시할 경우에는 가는 실선으로 그린다.
 - 테이퍼 부분의 치수를 기입할 때에는 치수 보조선은 경사선으로 긋는다.
 - 끼워맞춤은 축 기준식인지 구멍 기준식인지를 명기한다.
 - 벨트 풀리는 축직각 방향의 투상을 정면도로 한다.

4 기계설계 기본용어

• 소성가공의 방법에 따라 분류
 - 단조 : 재료를 가열하고 두들겨서 가공
 - 압출 : 재료를 금형(거푸집)속에 밀어 넣고, 거푸집에 뚫린 구멍으로부터 밀어 내어 그 구멍의 모양과 같은 막대나 관을 만든다.
 - 압연 : 회전하는 2개의 롤 사이로 재료를 통과시켜 단면을 압연하여 판재 등을 만드는 가공법
 - 판금 : 재료를 용기에 넣고 다이 구멍을 통해 밀어내어 제품을 제작
 - 전조 : 금속판을 소재로 절단, 굽힘, 성형등의 작업을 통하여 제품을 제작

• 재결정 온도 : 열간가공과 냉간가공의 한계를 결정짓는 것
 - 냉간가공 : 재결정온도 이하의 가공
 - 열간가공 : 재결정온도 이상의 가공

• 과냉 : 실제로 액체 금속이 응고할 때에는 반드시 융점의 온도에서 응고가 시작되는 일은 적고, 용융점보다 낮은 온도에서 응고가 시작되는 현상

• 청열 메짐 : 200~300℃ 부근에서 강의 인장 강도나 경도가 상온인 경우 보다 커지고 연신율, 드로잉성이 작아져 깨어지기 쉬워지는 성질

- 청열 취성 : 연강은 200 ~ 300℃에서 상온에서 보다 연신율이 낮아지고 경도와 강도가 높아지는 현상

- 적열 메짐 : 황이 많은 강으로 고온에서 메짐이 나타나는 성질

- 저온 메짐 : 상온이하로 내려갈수록 경도, 인장강도는 증가하나 연신율은 감소하여 차차 여리며, 약해지는 성질

- 철강
  - 5원소 : 탄소, 규소, 망간, 인, 황
  - 탄소가 철강 성질에 가장 큰 영향을 준다.
  - 분류 : 순철, 강(탄소강, 합금강), 주철

- 순철
  - 용융점 : 1538℃
  - 상온에서 체심입방격자의 결정구조이다.
  - 탄소함량이 낮아서 기계재료로서는 부적당하다.
  - 비중 : 7.86 ~ 7.88
  - 열전도율 : 0.18
  - 상온에서 비자성체이다.
  - 변압기, 발전기용의 박철판으로 사용

- 탄소강
  - 가장 많이 함유된 주성분 원소 : Fe + C
  - 열처리시 물 담금질 온도 : 20 ~ 30℃
  - 적열취성을 일으키는 원소 : S

- 초경합금
  - 금소탄화물을 프레스로 성형, 소결시킨 합금으로 분말 야금 합금
  - 금속탄화물의 종류 : WC, TiC, TaC (결합제 : Co분말)
  - 분말을 금형에서 성형 후 800 ~ 1000℃로 예비소결
  - H2 기류중에서 1400 ~ 1500℃로 소결
  - 열처리가 불필요하고, 고온경도가 가장 우수하다.
  - 절삭공구 중 고온경도가 가장 크다.

- 주철의 장점 / 단점

장점	단점
– 용융점이 낮고 유동성이 좋다. – 마찰저항이 좋다. – 주조성이 양호 – 가격이 저렴 – 절삭성이 우수 – 압축강도가 크다.	– 인장 강도가 작다. – 충격값이 작다. – 가공이 안 된다.

• 주철

- 탄소 함유량 : 1.7 ~ 6.68%
- Fe, C 이외에 Si, Mn, P, S 등의 원소를 포함
- 주조성이 우수하며, 크고 복잡한 것도 제작이 용이하다.
- 일반적으로 보통 주철은 회주철의 형태

• 주철의 흑연화 촉진제 : Si, Ni, Ti, Al

흑연화 방지제 : Mo, S, Cr, V, Mn

• 주철의 성장 원인

- Fe3C의 흑연화에 의한 팽창
- 고용 원소인 Si의 산화에 의한 팽창
- 불균일한 가열에 의해 생기는 파열 팽창
- A1 변태에서 체적 변화에 의한 팽창
- 흡수한 가스에 의한 팽창

• 구리

- 비중은 8.96
- 용융점은 약 1083℃이며, 변태점이 없다.
- 원자량은 약 63.6 이고, 비자성체이며 전기 및 열의 양도체이다.
- 자연성이 풍부하며, 가공 경화로 경도가 증가한다.
- 황산, 염산에 용해되며, 습기, 탄산가스, 해수에 녹이 생긴다.

• 황동의 종류

- 5% Zn : 길딩 메탈
- 15% Zn : 래드 브라스
- 20% Zn : 로 브라스

- 30% Zn : 카트리지 브라스
- 35% Zn : 항, 엘로 브라스
- 40% Zn : 문쯔 메탈(6 · 4 황동)

• 황동 (Cu-Zn)
- 가공성, 주조성, 내식성, 기계성 우수
- 밀링절삭에서 절삭속도를 가장 빠르게 할 수 있는 것
- Zn의 함유량

함유량	내용
30%	– 7·3 황동은 연신율 최대 – 상온가공성 양호 및 가공성을 목적
40%	– 6 · 4황동은 인장강도 최대 – 상온 가공성 불량 및 강도 목적
50% 이상	– 취성이 크므로 사용 불가

• 알루미늄(Al)
- 비중 2.7, 용융점 660℃, 변태점이 없다.
- 열 및 전기의 양도체이다.
- 가볍고, 내식성 및 가공성이 좋다.
- 상온 및 고온에서 가공이 용이하다.
- 경금속이며, 바닷물에는 심하게 침식된다.
- 전연성이 풍부하며, 400 ~ 500℃에서 연신율이 최대이다.
- 주조성이 용이하고, 다른 금속과 잘 합금된다.
- 구리 다음으로 전기 및 열의 전도성이 좋다.
- 기계부품, 항공기, 건축, 차량 등에 사용
- 종류 : 실루민, Y합금, 다이캐스트용 합금, 두랄루민, 초두랄루민, 하이드로나륨(내식성 알루미늄 합금의 대표적인 것) 등

• 두랄루민
- 가공용 Al합금의 대표적 합금인 Al - Cu - Mg - Mn계의 합금
  ➜ Si는 불순물로 함유
- 시효 경화가 일어난다.
- 열처리에 의해 재질 개선이 가능한 합금
- 기계적 성질이 우수하고, 항공기의 주요 구조나 차량 부속품 등에 사용

- 하이드로날륨
  - Al에 약 10%까지의 Mg을 첨가한 Al - Mg 합금
  - 내식성, 강도, 연신율이 우수
  - 비중이 작으며, 절삭성이 매우 좋은 합금

- 시효 경화
  - 열처리 중에서 시간의 경과에 더불어 강도와 경도가 증가되는 현상
  - 알루미늄 합금의 열처리시 이용

- 기계재료의 기계적 성질
  - 항복점 : 금속 재료의 인장시험에서 하중을 0으로부터 증가시키면 응력의 근소한 증가나 또는 증가 없이도 변형이 급격히 증가하는 점
  - 연성 : 물체가 탄성한도를 초과한 힘을 받고도 파괴되지 않고 늘어나서 소성 변형이 되는 성질
  - 전성(= 가단성) : 금속을 얇은 판이나 박으로 만들 수 있는 성질
  - 인성 : 굽힘이나 비틀림 작용을 반복하여 가할 때 이 외력에 저항하는 성질(끈기 있고 질긴 성질)
  - 인장강도 : 인장시험에서 인장하중을 시험편 평행부의 원단면적으로 나눈 값
  - 취성 : 물체가 약간의 변형에도 견디지 못하고 파괴되는 성질
    (인성의 반대되는 성질)
  - 가공경화
    - 금속이 가공에 의하여 강도, 경도가 커지고 연율이 감소되는 성질
    - 냉간가공에서 가공할수록 재료가 단단해지는 현상
  - 강도 : 물체에 하중을 가한 후 파괴되기까지의 변형저항을 총칭하는 말
  - 경도 : 물체의 기계적인 단단함의 정도를 수치로 표시
  - 가단성 : 전성과 같다.
  - 가주성 : 가열하면 유동성이 좋아져서 주조작업이 가능한 성질
  - 피로 한도 : 기계재료에 반복 하중을 무한한 횟수를 연속적으로 가할 때 재료가 파괴되지 않고 견딜 수 있는 최대 응력의 한계

- 힘의 작용 상태에 따른 하중의 분류
  - 인장하중
  - 압축하중
  - 비틀림하중

- 휨하중
- 전단하중

• 하중이 걸리는 속도에 의한 분류
- 정 하중
- 동 하중 : 반복하중, 교번하중, 충격하중

• 응력 : 물체에 하중을 작용시키면 물체 내부에는 하중에 대응하는 저항력

• 하중
- 전단하중 : 힘의 작용 상태에 따른 하중으로 재료를 칼로 자르려는 것과 같은 형태의 하중
- 분포하중 : 재료의 어느 범위 내에 단위 면적당 일정하게 작용하는 하중
- 반복하중 : 방향이 변화하지 않고 일정한 방향에 반복적으로 연속하여 작용하는 하중
- 압축하중 : 기계 몸체를 받쳐 주는 기둥의 단면에 발생하는 하중
- 충격하중
  · 기계 설계시 연강재를 사용할 때 안전율을 가장 크게 선정해야 할 하중
  · 순간적인 짧은 시간에 갑자기 격렬하게 작용하는 하중
- 교번하중 : 힘의 크기와 방향이 동시에 주기적으로 변하는 하중
- 집중하중 : 전하중이 부재의 한 곳에 작용하는 하중

• 크리프 현상 : 재료에 상온에서 하중을 가할 때 하중이 일정하더라도 고온이 되면 시간이 경과함에 따라 변형률이 증가하는 현상

• 너트의 종류
- 보통너트 : 머리 모양에 따라 4각, 6각, 8각. 6각이 가장 많이 사용
- 아이너트 : 머리에 링이 달린 너트로서, 물건을 달아 올릴 때나 훅 등을 거는데 쓰이는 너트
- 나비너트 : 손으로 돌릴 수 있는 손잡이가 있는 너트
- 캡너트 : 유체의 누설을 막기 위해 위가 막힌 너트
- 둥근너트 : 자리가 좁아서 육각너트를 사용하지 못하는 경우나 너트의 높이를 작게 했을 때 사용하는 너트

• 너트의 풀림 방지법
- 탄성 와셔에 의한 법
- 로크 너트에 의한 법

- 핀(분할 핀) 또는 작은 나사를 쓰는 법
- 철사에 의한 법
- 자동죔 너트에 의한 법
- 세트 스크루에 의한 법

• 와셔가 사용되는 경우
- 볼트 머리의 지름보다 구멍이 클 때
- 접촉면이 바르지 못하고 경사졌을 때
- 자리가 다듬어지지 않았을 때
- 너트가 재료를 파고 들어갈 염려가 있을 때
- 너트의 풀림 방지를 위할 때
  · 와셔의 재료로서는 연강이 널리 쓰이지만 경강, 황동, 인청동도 쓰임
  · 스프링 와셔, 이붙이 와셔, 갈퀴붙이 와셔, 혀붙이 와셔 등이 있다

• 나사의 종류
- 사다리꼴나사(= 애크미 나사)
  · 사각 나사보다 강력한 동력 전달용에 사용
  · 나사산의 각도가 인치계(TW) : 29°, 미터계(TM) : 30°

- 볼 나사
  · 나사축과 너트 사이에 많은 강구를 넣어서 힘을 전달하는 나사
  · 동력전달이 가장 원할한 나사, 공작기계의 수치제어용으로 많이 사용
  · 나사의 효율이 좋고, 먼지에 의한 마모가 적다.
  · 백래시를 작게 할 수 있다(고려하지 않아도 된다.).

- 관용 나사 : 파이프를 연결하는데 사용
- 둥근 나사 : 나사의 각도가 30°, 충격이 큰 기계나 먼지 등이 들어가기 쉬운 곳에 사용하는 나사
- 톱니 나사 : 프레스, 잭, 바이스 등과 같이 큰 힘을 한 방향으로만 작용시킬 때 사용
  · 나사산의 각도 : 30°, 45°

- 삼각 나사
  · 체결용으로 가장 많이 사용. ABC나사라고도 함
  · 종류 : 미터나사(60°), 유니파이 나사(60°), 관용 나사(55°)

- 사각 나사 : 프레스 등의 동력 전달용으로 사용, 축방향의 큰 하중을 받는 곳에 주로 사용

• 나사 각부의 명칭
- 피치 : 인접하는 나사산과 나사산의 거리
- 리드 : 나사 곡선을 따라 축의 둘레를 한 바퀴 회전하였을 때 축방향으로 이동하는 거리 (리드=줄 수 * 피치)
- 유효지름 : 수나사와 암나사가 접촉하고 있는 부분의 평균지름
- 호칭지름 : 수나사는 바깥지름, 암나사는 상대 수나사의 바깥지름
- 비틀림각 : 직각에서 리드각을 뺀 나머지 값

• 볼트의 종류
- 스터드 볼트
  · 막대의 양 끝에 나사를 깎은 머리 없는 볼트
  · 한쪽 끝을 본체에 튼튼하게 박고, 다른 끝에는 너트를 끼어서 조일 수 있도록 한 볼트
- 아이 볼트 : 무거운 기계 부품 등을 달아 올리는데 편리한 볼트로, 로프, 체인, 훅 등을 거는데 적합한 볼트
- 스테이 볼트 : 부품을 일정한 간격으로 유지하고 구조 자체를 보강하는데 사용하는 볼트
- 기초 볼트 : 기계 구조물을 설치할 때 사용하는 볼트
- T 볼트 : 공작기계 테이블의 T홈 등에 끼워서 공작물을 고정시키는 볼트
- 충격 볼트 : 볼트에 걸리는 충격 하중에 견디게 만들어진 볼트
- 전단 볼트 : 볼트에 걸리는 전단 하중만 받을 수 있도록 되어 있는 볼트

• 핀의 종류
- 테이퍼 핀 : 테이퍼 값은 1/50, 호칭지름은 작은 쪽의 지름으로 표시
- 평행 핀 : 분해조립을 하게 되는 부품의 맞춤면의 관계위치를 항상 일정하게 유지하도록 안내하는데 사용
- 분할 핀 : 두 갈래로 갈라지기 때문에 너트의 풀림 방지 등에 사용 축에 끼워진 부품이 빠지는 것을 방지하는데 사용
- 코터 핀 : 두 부품 결합용의 핀으로 양끝의 분할용 핀의 구멍이 있다.
- 스프링 핀 : 세로방향으로 쪼개져있어 구멍의 크기가 정확하지 않을 때 해머로 때려 박을 수 있다.

• 리벳 이음의 특징
- 초응력에 의한 전류변형률이 생기지 않으므로 취약파괴가 일어나지 않는다.
- 구조물 등에서 현지 조립할 때는 용접이음보다 쉽다.
- 경합금과 같이 용접이 곤란한 재료에는 신뢰성이 있다.

- 강판의 두께에 한계가 있으며, 이음효율이 낮다.

• 유니버셜 이음 : 두 축의 중심선이 어느 각도로 교차되고, 그 사이의 각도가 운전 중 다소 변하여도 자유로이 운동을 전달 할 수 있는 축 이음

• 작용하는 힘에 의한 축의 분류
- 차축 : 주로 휨을 받는 정지 또는 회전축
- 스핀들 : 주로 비틀림을 받으며 모양, 치수가 정밀
- 전동축 : 주로 비틀림과 휨을 받으며 동력전달이 주목적
  · 종류 : 주축, 선축, 중간축

• 모양에 의한 축의 분류
- 직선 축 : 흔히 쓰이는 곧은 축
- 크랭크 축 : 왕복운동을 회전운동으로 전환시키고, 크랭크핀에 편심륜이 워져 있다.
- 플렉시블 축 : 전동축에 휨을 주어서 축의 방향을 자유롭게 변경할 수 있는 축(=가요축)

• 기어의 종류 중 두 축이 만나는 경우
- 베벨 기어
- 스쿠 베벨 기어
- 스파이럴 베벨 기어

• 기어의 종류 중 두 축이 평행한 경우
- 스퍼 기어
- 헬리컬 기어
- 더블 헬리컬 기어
- 인터널 기어
- 래크

• 기어의 종류 중 두 축이 만나지도 않고 평행하지도 않은 경우
- 하이포이드 기어
- 스크루 기어
- 웜 기어

• 웜 기어 : 2축이 직각인 경우가 많고, 큰 감속비를 얻고자 하는 경우 가장 많이 사용되는 기어

• 키의 종류
- 새들 키 : 축에 키홈을 파지 않고 사용하는 키

- 접선 키 : 역회전을 할 수 있도록 2개의 키를 끼우는 키
- 둥근 키 : 일명 핀 키라고도 하며, 핸들과 같이 토크가 작은 것의 고정
- 반달 키 : 테이퍼축이나 축직경이 50 ㎜ 이하인 곳에 사용
- 세레이션 : 가장 큰 토크를 전달

• 스플라인
  - 축의 원주에 여러 개의 키를 가공한 것
  - 큰 토크를 전달할 수 있고, 내구력이 크다
  - 축과 보스와의 중심축을 정확하게 맞출 수 있는 것

• 베어링의 재료가 구비하여야 할 조건
  - 녹아 붙지 않을 것
  - 길들임이 좋을 것
  - 부식에 강할 것
  - 피로한도가 클 것

• 62계열 베어링의 축지름(안지름)
  - 6200 : 10 ㎜
  - 6201 : 12 ㎜
  - 6202 : 15 ㎜
  - 6203 : 17 ㎜
  - 6204 : 20 ㎜
  - 6205 : 25 ㎜
  - 6208 : 40 ㎜

• 저널
  - 베어링에 접촉되는 축의 부분
  - 롤링 베어링의 내륜이 고정되는 부분

• 저널의 종류
  - 레이디얼 저널 : 하중이 축의 중심선에 직각으로 작용
  - 드러스트 저널 : 축선 방향으로 하중이 작용
  - 원뿔 저널 : 원뿔은 축선과 축선의 직각 방향에 동시에 하중이 작용
  - 구면 저널 : 구면은 축을 임의의 방향으로 기울어지게 하중이 작용

• 칼라드러스트 베어링 : 칼라는 여러장 겹쳐 있으며, 칼라저널을 만드는 베어링으로서 베

어링이 길다

• 베어링의 종류
- 하중의 작용에 따른 분류
· 레이디얼 베어링 : 하중을 축의 중심에 대하여 직각으로 받는 것
· 드러스트 베어링 : 축의 방향으로 하중을 받는 것
· 원뿔 베어링(=합성 베어링) : 하중의 받는 방향이 축 방향과 축의 직각방향의 합성으로 받는 것

- 접촉면에 따른 분류
· 미끄럼 베어링(=슬라이딩 베어링) : 저널 부분과 베어링이 미끄럼 접촉을 하는 것
· 구름 베어링(=롤링 베어링) : 저널과 베어링사이에 볼이나 롤러를 넣어서 구름마찰을 하게한 것

• 베어링 메탈의 구비조건
- 축의 재료보다 연하면서 마모에 견딜 것
- 축과의 마찰계수가 작을 것
- 내식성이 클 것
- 마찰열의 발산이 잘 되도록 열전도가 좋을 것
- 가공성이 좋으며 유지 및 수리가 쉬울 것

• V 벨트
- V 벨트의 표준 치수는 M, A, B, C, D, E의 6종
- M에서 E쪽으로 가면 단면이 커진다.
- 속도비 1 : 7, 미끄럼이 적고, 전동 회전비가 크다.
- 운전이 조용하고 진동, 충격의 흡수 효과가 있다.
- 축간 거리가 짧은데 쓴다(5m 이하)
- 선반, 밀링머신 등의 동력 전달 장치에서 가장 많이 사용

• 체인 전동의 특징
- 미끄럼이 없다.
- 속도비가 정확하다.
- 큰 동력이 전달된다.
- 수리 및 유지가 쉽다.
- 체인의 탄성으로 어느 정도 충격이 흡수된다.

- 내열, 내유, 내습성이 있다.
- 진동, 소음이 심하다.
- 고속 회전엔 부적당하다

• 브레이크의 종류
- 원판 브레이크
  · 축압 브레이크로서 마찰면을 원판으로 하여 나사나 지레를 이용하여 축을 미는 형식
  · 냉각이 쉽고, 큰 회전력의 제동이 가능한 브레이크
- 내확장 브레이크 : 복식 블록 브레이크의 변형된 형식으로 브레이크 슈를 밀어 붙이는 데 캠이나 유압을 사용하는 브레이크

• 금속 스프링의 분류
- 재료에 의한 분류 : 금속, 비금속, 유체스프링
- 하중에 의한 분류 : 인장, 압축, 토션 바, 구부림을 받는 스프링
- 용도에 의한 분류 : 완충, 가압, 측정용, 동력 스프링
- 모양에 의한 분류 : 코일, 스파이럴, 겹판, 링, 원반, 토션 바 스프링

• 밸브의 종류
- 정지 밸브
  · 밸브 안의 흐르는 유로의 방향이 바뀌고, 밸브 본체가 유체 안에 잠겨, 유체에너지 손실이 크다.
  · 제작, 수리, 교환이 편리해 가장 널리 사용
  · 종류 : 글로브 밸브, 앵글 밸브, 니들 밸브
- 슬루스 밸브
  · 밸브가 파이프 축에 대해서 직각방향으로 개폐되는 밸브
  · 지름이 크고 자주 개폐할 필요가 없는 곳에 사용
- 체크 밸브
  · 역류 방지용 밸브
  · 외력에 의하지 않고 유체 자체의 압력으로 조작
  · 종류 : 스윙 체크, 리프트
- 격막 밸브
  · 금속으로 만든 본체에 탄성이 있는 격막과의 접촉으로 개폐되는 밸브

- 이스케이프 밸브
  · 파이프 안의 압력이 규정 이상이 되었을 때 자동적으로 작동하여 유체를 외부로 흐르게 하거나 원상태로 돌아가게 하는 밸브
  · 종류 : 안전 밸브, 감압 밸브, 온도 조절 밸브
- 나비 밸브 : 원판의 회전에 의하여 유로의 개폐를 조절하는데 사용

5 자동화 기본용어

• 피드백 제어 시스템 기본구성
- 목표값: 입력값, 설정값
- 기준입력요소 : 제어계를 동작시키는 기준
- 동작신호 : 기준입력과 주궤환량의 차, 제어요소에 가해지는 신호
- 제어요소 : 동작신호를 조작량으로 변환요소
- 검출부 : 출력을 검출하는 장치
- 제어량 : 출력

• 제어시스템의 분류
① 목표값에 의한 분류 - 정치제어 - 추치제어 : 추종제어, 프로그램제어, 비율제어
② 제어량에 의한 분류 - 서보기구, 포르세서제어, 자동제어
③ 조절부 동작에 의한 분류
  - 비례제어(P) : 잔류편차 발생
  - 비례적분제어(PI) : 잔류편차제거, 시간지연
  - 비례미분제어(PD) : 속응성향상, 진동억제
  - 비례미분적분제어(PID) : 속응성향상, 잔류편차제거

• 라플라스 변환표

	$f(t)$	$F(s)$
단위 임펄스함수	$\delta(t)$	1
단위 계단함수	$u(t)$	$\frac{1}{s}$
단위 램프함수	t	$\frac{1}{s^2}$
	t^n	$\frac{n!}{s^{n+1}}$
정현파 함수	$\sin wt$	$\frac{w}{s^2+w^2}$
	$\cos wt$	$\frac{s}{s^2+w^2}$
지수 감쇠함수	e^{-at}	$\frac{1}{s+a}$
쌍곡선 함수	$\sinh wt$	$\frac{w}{s^2-w^2}$
	$\cosh wt$	$\frac{s}{s^2-w^2}$

• 라플라스 변환풀이 기본방법

$$F(s) = \mathcal{L}[f(t)] = \int_0^\infty f(t)e^{-st}dt$$

• 라플라스 변환 풀이 기본방법
- 분모가 인수분해 되면 부분분수 전개
- 분모가 인수분해 안 되면 완전제곱형 전개

• 회로의 전달함수
- 전달함수 정의 : 초기값을 0으로 했을 경우 입력에 대한 출력의 라플라스 변환비

$$G(S) = \frac{C(s)}{R(s)}$$

- 기본적인 전달 함수
  · 비례요소, 적분요소, 미분요소, 1차 지연 요소, 2차 지연 요소
  · 부동작 시간요소

• 전달함수 이득 공식
- 블록선도 이득 공식

$$G(s) = \frac{\Sigma G}{1 - \Sigma L_1 + \Sigma L_2}$$

- 신호흐름선도 이득 공식

$$G = \sum_{k=1}^{N} \frac{G_k \Delta_k}{\Delta}$$

• 연산증폭기 : 입력 임피던스 크다. 출력 임피던스 작다.

• 적분기, 미분기

$$v_0 = -\frac{1}{RC}\int v_i dt$$

$$v_0 = -RC\frac{dv_i}{dt}$$

• 논리회로

$$AND\ X = A \cdot B$$
$$OR\ X = A + B$$
$$NAND\ X = \overline{A \cdot B}$$
$$NOR\ X = \overline{A + B}$$
$$EOR\ X = \overline{A}B + A\overline{B} = A \oplus B$$

• 논리변환

- 기본법칙

$$A + 0 = A \qquad A \cdot 1 = A$$
$$A + A = A \qquad A \cdot A = A$$

- 분배법칙

$$A + (B \cdot C) = (A + B)(A + C)$$
$$A \cdot (B + C) = (A \cdot B) + (A \cdot C)$$

- 드모르간 정리

$$\overline{A + B} = \overline{A} \cdot \overline{B} \qquad \overline{A \cdot B} = \overline{A} + \overline{B}$$

• 과도응답

- 오버슈트 : 과도기간중 응답이 목표값을 넘어가는 양
- 지연시간 : 지연시간 응답이 최초로 50%가 되는 시간
- 감쇠비 : 제 2오버슈트 / 최대오버슈트
- 상승시간 : 응답 목표값이 10 ~ 90% 도달하는 시간
- 응답시간 : 응답이 요구하는 오차 이내로 정착되는 시간

• 자동제어계의 과도응답

- 특성방정식: 폐루프 전달함수의 분모를 0으로 놓은 식

$$\frac{C(s)}{R(s)} = \frac{G(s)}{1+G(s)H(s)} \text{ 에서 } 1+G(s)H(s)=0$$

- 특성방정식의 근 : 우반면(불안정), 좌반명(안정), 허수축(임계)

• 2차계의 과도응답

- 특성방정식 : 폐루프 전달함수의 분모를 0으로 놓은 식

$$\frac{C(s)}{R(s)} = \frac{w_n^2}{s^2+2\zeta w_n s+w_n^2}$$

• 정상상태 오차와 주파수

- 정상상태 오차

$$e_{ss} = \lim_{s\to 0} se(s) = \lim_{s\to 0} s\frac{R(s)}{1+G(S)}$$

- 정상위치 편차

$$e_{ss} = \lim_{s\to 0} s\frac{R(s)}{1+G(S)} = \frac{R}{1+K_p}$$

- 정상속도 편차

$$e_{ss} = \lim_{s\to 0} s\frac{R(s)}{1+G(S)} = \frac{R}{K_v}$$

- 정상가속도 편차

$$e_{ss} = \lim_{s\to 0} s\frac{R(s)}{1+G(S)} = \frac{R}{K_a}$$

- 감도

$$S_N^T = \frac{dT/T}{dK/K} = \frac{K}{T} \cdot \frac{dT}{dK}$$

- 주파수응답 (전달함수 크기, 위상)

$$|G(jw)|$$
$$\theta = \angle G(jw)$$

- 보드선도 이득

$$20\log_{10}|G(jw)|$$

- 절점 주파수 : 주파수 전달함수의 실수부=허수부를 만족하는 w
  · 보드선도에서의 굴곡점

· 이득이 −3dB에서의 주파수

- 제어계의 안정도

① 특성방정식 근의 위치에 따른 안정도

· 우반면(불안정), 좌반명(안정), 허수축(임계)

② Routh-Hurwitz 안정도 판별법

· 모든 계수의 부호가 양수, 모든 계수 존재

·Routh 수열의 제 1열의 원소부호 같을 것

③ 나이퀴스트 안정도 판별법

· 나이퀘스트 선도 임계점 (-1,0)

· 득여유, 위상여유

$$g_m = 20\,\mathrm{iog}_{10}\frac{1}{|G(jw)H(jw)|} > 0$$

$$\theta_m = 180^\circ - \theta^\circ > 0$$